深度学习入门

基于Python

的实现

吴喜之 张 敏 编著

中国人民大学出版社

·北京·

前　言

深度学习

深度学习是一种人工智能, 它模仿人脑处理数据和创建用于决策的模式方面的工作, 处理用于检测对象、识别语音、翻译语言和进行决策的数据.

深度学习是机器学习的一个子领域. 它利用层次化的人工神经网络来实现机器学习的过程. 人工神经网络类似于人的大脑, 其神经元节点像网络一样连接在一起. 深度学习系统的分层功能使机器可以使用非线性方法处理数据. 它主要用于有监督学习, 也能够从非结构化或未标记的数据中不受监督地学习网络. 由于深度学习主要使用神经网络, 因此也称为深度神经学习或深度神经网络.

数字时代引起了来自世界各地的各种形式的数据爆炸式增长. 这些数据 (简称大数据) 来自社交媒体、互联网搜索引擎和电子商务平台等多种资源. 有大量数据易于访问, 并且可以通过云计算等金融科技应用程序共享. 但是, 通常只有非结构化的数据如此庞大, 以至于基于传统方法可能需要数十年才能理解并提取相关信息. 人们意识到, 挖掘这些丰富的信息可能会带来令人难以置信的潜力, 因此, 越来越多地采用诸如深度学习这样的人工智能系统进行自动化支持.

深度学习方法的特征

深度学习的方法及思维是基于神经网络确立的, 在技术意义上不断地发展出的大量创新往往是和数据及数据所关联的目标有关. 随着数据结构和人们要求的变化, 深度学习方法还会持续发展. 虽然机器学习没有超出原始神经网络的框架, 但相对于神经网络而言有些面目皆非.

理解深度学习方法绝对不能死记硬背某些教条, 而要善于模仿和理解已有的方法, 同时要持续保持批判的眼光, 随时创新.

深度学习方法的发展往往是目标导向的, 比如, 对于图片处理的不同目标产生了各种相应的方法; 对于自然语言处理的不同要求发展了各种不同功能的网络或层次. 这些针对不同目标的创新或发明有共性但更多体现的是个性. 因此, 在某种意义上, 深度学习在很大程度上是目标导向的. 除了神经网络的基本模式之外, 不存在统一的深度学习理论或方法.

深度学习具有机器学习方法的普遍学习规律:

1. 针对目标设计神经网络的框架.
2. 对于包括层及节点的神经网络每个具体组件, 做出合适的选择.
3. 对于目标数据要做各种反复试验和学习, 以最后确定神经网络的结构. 如果有他人已经试验过的优秀模型, 尽量采用, 作为自己模型的基础, 少走弯路.

4. 在确定神经网络最终调试的过程中, 根据交叉验证选择最优的超参数.[1]

关于软件

本书使用 Python 来介绍深度学习, 主要使用两个基本数据结构都是张量的模块: TensorFlow 和 PyTorch, 这两个模块各有特点.

TensorFlow

TensorFlow 由 Google 开发, 2015 年以开源形式发布. 它源自 Google 自主研发的机器学习软件, 该软件经过重构和优化后可用于生产.

TensorFlow 以生产级深度学习库而闻名. 它拥有庞大而活跃的用户群, 并且用于培训, 部署和提供模型的官方和第三方工具和平台不断增多. 在 2016 年发布 PyTorch 之后, TensorFlow 的受欢迎程度下降了. Google 在 2019 年末发布了 TensorFlow 2.0, 这个重大更新简化了该库并使其更加人性化, 引起了机器学习社区的新兴趣.

有了 Google 和第三方提供的大量数据、经过预训练的模型以及 Google Colab 笔记本, 人们可以快速开始使用 TensorFlow.

许多流行的机器学习算法和数据集都内置在 TensorFlow 中并可以使用. 除了内置数据集之外, 使用者还可以访问 Google Research 数据集或使用 Google 的数据集搜索找到更多数据集.

PyTorch

目前的 PyTorch 于 2018 年最终形成, 由 Facebook 经营. 它不仅有 Python 接口, 也有 C++ 接口.

TensorFlow, Theano, Caffe 和 CNTK 等大多数框架对世界都提供静态的了解. 必须建立一个神经网络并一次又一次地重复使用相同的结构. 改变网络行为方式意味着必须从头开始. PyTorch 使用了一种称为反向模式自动微分 (reverse-mode auto-differentiation) 的技术, 它允许在零延迟或零耗费下任意更改网络的行为方式. 此技术并非 PyTorch 独有, 但 PyTorch 是迄今为止运行最快的之一.

PyTorch 不是绑定到整体 C++ 框架的 Python. 它被构建为与 Python 深度集成. 可以像使用 NumPy, SciPy, scikit-learn 等一样很自然地使用. 人们可以使用自己喜欢的库并使用 Cython 和 Numba 等软件包在 Python 中编写新的神经网络层.

PyTorch 的设计特点是直观、易于理解和使用. 每当执行一行代码时, 它就会被执行. 在进入调试器或收到错误消息和一堆运行痕迹时, 很容易跟踪并得到所定义代码的确切位置, 这节省了大量时间来调试代码.

PyTorch 具有最小的框架耗费. 它集成了加速库. 作为核心, 它的 CPU 和 GPU Tensor 以及神经网络后端已经成熟, 因此, 无论运行小型或大型神经网络, PyTorch 都非常快. PyTorch 的设计使得编写新的神经网络模块或与 PyTorch 的 Tensor 接口的过程简单明了.

---

[1]本书的目的仅仅是介绍方法, 因此各个程序的结构及超参数的选择有些任意, 在实践中, 应参考他人成功的经验, 针对具体目标处理实际数据时必须反复学习和训练以得到较优的结构及参数组合.

PyTorch 和 TensorFlow 的对比

1. PyTorch 和 TensorFlow 之间最明显的区别在于它们对计算图 (computational graph) 的定义. 在经典的 TensorFlow 中, 计算图是静态定义的, 这意味着在运行图形之前概述其整个结构: 连接以及在何处处理什么样的数据. 它嵌入 TensorFlow 会话中, 用户通过该会话与网络进行通信. 最值得注意的是, 计算图在编译后无法修改. PyTorch 中的图形是动态定义的, 这意味着可以在运行时修改图形及其输入. 它为程序员提供了更好的访问网络内部工作的通道, 从而大大简化了调试代码的过程. 这在 RNN 中使用可变长度输入时特别有用.

2. TensorFlow 具有比 PyTorch 更陡峭的学习曲线. PyTorch 更具 Python 风格, 构建机器学习模型的感觉更加直观. 此外, 使用 TensorFlow 需要更多地了解它的工作原理 (会话、占位符等), 因此学习 TensorFlow 会比 PyTorch 更加困难.

3. TensorFlow 背后的社区比 PyTorch 大得多. 这意味着查找资源以学习 TensorFlow 以及查找问题的解决方案变得更加容易. 此外, 许多教程和 MOOC 都涵盖了 TensorFlow, 而不是使用 PyTorch. 这是因为与 TensorFlow 相比, PyTorch 是一个相对较新的框架. 因此, 就资源而言, 与 PyTorch 相比, 你会发现有关 TensorFlow 的内容更多. 但是, PyTorch 正在迅速缩小和 TensorFlow 在这方面的距离.

4. 在可视化上, TensorFlow 的 TensorBoard 是一个出色的工具, 可以直接在浏览器中可视化机器学习模型. 除了绘制计算图之外, 它还允许你通过以预定的时间间隔记录所谓的网络摘要来随时间观察训练参数的行为. 这使 TensorBoard 成为有价值的调试设备. 尽管你可以始终使用 Matplotlib 之类的工具, 但 PyTorch 没有这样的原生化工具. 相反, PyTorch 使用常规的 Python 包 (例如 Matplotlib 或 seaborn) 来绘制某些函数的行为. 我们也可以使用 PyTorch 的图形可视化程序包 (例如 Visdom), 但是它们显示的功能与 TensorBoard 不同. 可以将 TensorBoard 与 PyTorch 一起使用.

5. TensorFlow 在用于生产的模型和可伸缩性方面要好得多. 它旨在为生产做好准备. 多年来, TensorFlow 在从模型到生产的迁移方面一直优势明显, 因为它提供了用于部署模型的本机系统. TensorFlow Serving 使在服务器端轻松提供和更新训练有素的模型变得容易. 而且, TensorFlow Lite 允许压缩训练后的模型, 以便在移动设备上使用.

鉴于 PyTorch 更易于学习, 而且使用起来也更轻松, 因此, 对于短期项目和快速产生原生模型而言, 它相对更好. 2020 年 3 月, Facebook 发布了 TorchServe, 这是一个 PyTorch 模型服务库.

无论如何, PyTorch 和 TensorFlow 的开发人员一直在不断整合其竞争对手提供的流行功能, 从而导致逐渐趋同. 对于不同背景的人员, 选择可能不完全一样. 有些人发现 PyTorch 更好, 而其他人发现 TensorFlow 更好. 两者都是很好的框架, 背后都有庞大的社区, 并提供大量支持.

本书的宗旨

本书从 Python 基本代码开始, 然后过渡到 PyTorch, 也介绍了 TensorFlow 编程的例子, 通过例子使读者熟悉深度学习各个方面的面貌和特性. 但是, 本书仅仅是一个入门, 不可能对于数不胜数的不断更新和发展的针对大量目标的新方法做哪怕稍微完备一些的介绍. 我们认为, 真正学会一门本领必须要通过大量的实践. 对于个人来说, 深度学习通常是通过网上的数据及程序使用自己的计算机 (处理器通常是 **CPU**) 来进行, 而对于企业人员, 则有可能使用企业自己的数据及具有 **GPU** 的计算机, 并利用现有已经验证过的程序进行改造及调试以达到自己的目标. 我们希望本书能够使得读者尽快地理解和掌握深度学习的基本概念和技术, 更好地进入实际应用. 书中有星号 (*) 的部分仅供参考.

本书除了关于 **Python** 的第 1 章之外, 其他章没有提供习题. 对于深度学习, 网络数据和各种网上展示的程序是最好的习题来源, 而且永远找不到任何标准答案, 这就是不断进步和不断深入地认识世界的境界. 对于涉及面极其广泛的持续快速发展的科学技术, 提供有局限性的习题和标准答案是天真举动.

本书所介绍的内容, 除了最基本的神经网络概念之外, 一些具体方法已经被本书介绍的另外一些方法所挑战, 而那些较新的方法又极有可能在本书出版过程的漫长周期中被更新的技术所取代. **在飞速动态发展的世界中, 只有保持对基本概念的深刻理解并且保持永远准备面对挑战和崭新事物的心态, 才能不被时代所淘汰.**

本书的排版是笔者通过 LaTeX 软件实现的.

吴喜之

目 录

第一部分

Python 基础

第1章　Python 基础

数据科学完全离不开计算机及各种做科学计算和数据分析的软件. 本书主要通过 Python 来实现数据分析的目标.

在本书中, 我们尽量对程序进行解释或在程序中加以注释, 但随着内容深入, 我们将会减少对代码的解释. 本书尽量使用简单易懂的编程方式, 这可能会牺牲一些效率, 相信读者会通过本书更好地掌握编程, 并写出远优于本书的代码.

警告: 所有的软件代码字符都必须用半角标点符号! 因此, 建议使用中文输入时也把设置中的全角改成半角. 笔者发现, 中国初学者最初的程序编码错误中, 有一半以上是因为输入了全角标点符号码 (特别是逗号、引号、冒号、分号等), 发现这种错误不易 (系统有时连警告都不能给出), 往往完全依靠好的眼力和耐心来识别.

此外, 任何具有生命力的软件都在不断发展, 不时推出新的版本及各种更新, 因此, 要做好软件和代码变动的思想准备, 学会有问题时在网上寻求解决办法或者帮助.

> 我们需要培养泛型编程能力, 而不只是学会一两个特殊软件的语言. 虽然我们在数据分析中需要各个软件所具有的各种特殊函数和功能, 但是, 衡量泛型编程能力的一个标准是: 能够用任何语言都具备的基本代码来实现你的每一个基础目标, 包括用自编代码实现各个软件中一些固有简单函数的功能.

1.1　引　言

一些人说 Python 比 R 好学, 而另一些人正相反, 觉得 R 更易掌握. 其实, 熟悉编程语言的人, 学哪一个都很快. 它们的区别大体如下. 由统一的志愿者团队管理, R 的语法相对比较一致, 安装程序包很简单, 而且很容易找到帮助和支持, 但由于 R 主要用于数据分析, 所以一些对于统计不那么熟悉的人可能觉得对象太专业了. Python 则是一个通用软件, 比 C++ 容易学, 功能并不差, 它的各种包装版本运行速度也非常快. 但是, Python 没有统一团队管理, 针对不同 Python 版本的模块非常多. 因此对于不同的计算机操作系统、不同版本的 Python、不同的模块, 安装过程多种多样, 首先遇到的就是安装问题. 另外, R 软件的基本语言 (即下载 R 之后所装的基本程序包) 本身就可以应付相当复杂的统计运算, 而 Python 相比之下统计模型不那么多, 做统计分析不如 R 那么方便, 但由其基本语法所产生的成千上万的模块使得它可以做几乎任何想做的事情.

大数据时代的数据分析, 最重要的不是掌握一两种编程语言, 而是泛型编程能力, 有了这个能力, 语言的不同不会造成太多的烦恼.

由于 Python 是个应用广泛的通用软件, 这里只能介绍其中和数据分析有关的一点简单操作. 如果读者有疑问, 可以上网搜索答案.

下面通过运行各种语句来领悟简单的语法, 我们尽量不做更多的解释.

1.2　安　装

1.2.1　安装及开始体验

初学者可以使用 Anaconda 下载 Python Navigator [1], 以获得 Jupyter, RStudio, Visual Studio Code, IPython and Spyder 等软件界面, 可以选择你认为方便的方式运行 Python 程序. 使用 Anaconda 的好处是它包含了常用的模块 NumPy, Pandas, Matplotlib, 而且安装其他一些模块 (比如 Sklearn) 也比较方便.

这里不可能给出太多的安装细节, 因为这些都可能会变化, 相信读者会在网上找到各种线索、提示和帮助. 下面的介绍是基于 Anaconda 的 Notebook 运行 Python3 的实践.

1.2.2　运行 Notebook

安装完 Anaconda 之后, 就可以运行 Notebook 了. 可以点击 Anaconda 图标, 然后选中 Notebook 或其他运行界面, 也可以通过终端键入 `cd Python Work` 到达你的工作目录, 然后键入 `jupyter notebook` 在默认浏览器产生一个工作界面 (称为 "Home"). 如果你已经有文件, 则会有书本图标开头的列表, 你的文件名以 `.ipynb` 为扩展名. 如果没有现成的, 可创造新的文件, 点击右上角 New 并选择 `Python3`, 则产生一个没有名字的 (默认是 Untitled) 以 `.ipynb` 为扩展名的文件 (自动存在你的工作目录中) 的一页, 文件名可以随时任意更改.

当你的文件页中出现 In [ ]: 标记, 就可以在其右边的框中输入代码, 得到的结果会出现在代码 (代码所在的框称为 "Cell") 下面的地方. 一个 Cell 中可有一群代码, 可以在其上下增加 Cell, 也可以合并或拆分 Cell, 相信读者会很快掌握这些小技巧.

你可以先键入

```
3*' Python is easy!'
```

用 `Ctrl+Enter` 就会输出

```
' Python is easy! Python is easy! Python is easy!'
```

实际上该代码等价于 `print(3*' Python is easy!')`. 在一个 Cell 中, 如果有可以输出的几条语句, 则只输出有 `print` 的行及最后一行代码 (无论有没有 `print`) 的结果.

在 Python 中, 也可以一行输入几个简单 (不分行的) 命令, 用分号分隔. 要注意, Python 和 R 的代码一样是区分大小写的. Python 与 R 的注释一样, 在 `#` 后面的符号不会当成代码执行.

当前工作目录是在存取文件、输入输出模块时只敲入文件或模块名称而不用敲入路径的目录. 查看工作目录和改变工作目录的代码为:

---

[1] https://www.anaconda.com/distribution/.

```
import os
print(os.getcwd()) #查看目录
os.chdir('D:/Python work') #Windows系统中改变工作目录
os.chdir('/users/Python work') #OSx系统中改变工作目录
```

查看某个目录 (比如 /users/work/) 下的某种文件 (比如以 .csv 结尾的文件) 的路径名、文件名及大小, 可以用下面的语句:

```
import os
from os.path import join
for (dirname, dirs, files) in os.walk('/users/work/'):
    for filename in files:
        if filename.endswith('.csv') :
            thefile = os.path.join(dirname,filename)
            print(thefile,os.path.getsize(thefile))
```

1.3   基本模块的编程

对于熟悉 R 的人首先不习惯的可能是在 Python 中的向量、矩阵、列表或其他多元素对象的下标是从 0 开始, 请输入下面的代码并看输出:

```
y=[[1,2],[1,2,3],['ss','swa','stick']]
y[2],y[2][:2],y[1][1:]
```

从 0 开始的下标也有方便的地方, 比如下标 [:3] 是左闭右开的整数区间: $0, 1, 2$, 类似地, [3:7] 是 $3, 4, 5, 6$, 这样, 以首尾相接的形式 [:3], [3:7], [7:10] 实际上覆盖了从 0 到 9 的所有下标; 而在 R 中, 这种下标应该写成 [1:2], [3:6], [7:9], 中间的端点由于是闭区间, 没有重合. 请试运行下面的语句, 一些首尾相接的下标区间得到完整的下标群:

```
x='A poet can survive everything but a misprint.'
x[:10]+x[10:20]+x[20:30]+x[30:40]+x[40:]
```

关于 append, extend 和 pop:

```
x=[[1,2],[3,5,7],'Oscar Wilde']
y=['save','the world']
x.append(y);print(x)
x.extend(y);print(x)
x.pop();print(x)
x.pop(2);print(x)
```

整数和浮点运算:

```
print(2**0.5,2.0**(1/2),2**(1/2.))
print(4/3,4./3)
```

关于 remove 和 del:

```
x=[0,1,4,23]
x.remove(4);print(x)
del x[0];print(x, type(x))
```

关于 tuple:

```
x =(0,12,345,67,8,9,'we','they')
print(type(x),x[-4:-1])
```

关于 range 及一些打印格式:

```
x=range(2,11,2)
print('x={}, list(x)={}'.format(x,list(x)))
print('type of x is {}'.format(type(x)))
```

关于 dictionary (字典) 类型 (注意打印的次序与原来不一致):

```
data = {'age': 34, 'Children' : [1,2], 1: 'apple','zip': 'NA'}
print(type(data))
print('age=',data['age'])
data['age'] = '99'
data['name'] = 'abc'
print(data)
```

一些集合运算

```
x=set(['we','you','he','I','they']);y=set(['I','we','us'])
x.add('all');print(x,type(x),len(x))
set.add(x,'none');print(x)
print('set.difference(x,y)=', set.difference(x,y))
print('set.union(x,y)=',set.union(x,y))
print('set.intersection(x,y)=',set.intersection(x,y))
x.remove('none')
print('x=',x,'\n','y=', y)
```

用 id 函数来确定变量的存储位置 (是不是等同):

```
x=1;y=x;print(x,y,id(x),id(y))
x=2.0;print(x,y,id(x),id(y))
x = [1, 2, 3];y = x;y[0] = 10
```

```
print(x,y,id(x),id(y))
x = [1, 2, 3];y = x[:]
print(x,y,id(x)==id(y),id(x[0])==id(y[0]))
print(id(x[1])==id(y[1]),id(x[2])==id(y[2]))
```

函数的简单定义 (包括 lambda 函数) 及应用

```
def f(x): return x**2-x
g=lambda x: max(x**2,x**3)
print(list(map(lambda x: x**2+1-abs(x), [1.2,5.7,23.6,6])))
print(f(10),g(-3.4))
print(list(range(-10,10,2)),'\n',
        list(filter(lambda x: x>0,range(-10,10,2))))
```

一般函数的定义 (注意在 Python 中, 函数、类、条件和循环等语句后面有冒号 ":", 而随后的行要缩进, 首先要确定数目的若干空格 (和 R 中的花括号作用类似)):

```
from random import *
def RandomHappy():
    if randint(1,100)>50:
        x='happy'
    else:
        x='unhappy'
    if randint(1,100)>50:
        y='happy'
    else:
        y='unhappy'
    if x=='happy' and y=='happy':
        print('You both are happy')
    elif x!=y:
        print('One of you is happy')
    else:
        print('Both are unhappy')

RandomHappy() #执行函数
```

循环语句和条件语句

```
for line in open("UN.txt"):
    for word in line.split():
        if word.endswith('er'):
            print(word)
```

循环和条件语句的例子

```
# 例1
for line in open("UN.txt"):
    for word in line.split():
        if word.endswith('er'):
            print(word)

# 例2
with open('UN.txt') as f:
    lines=f.readlines()
lines[1:20]

# 例3
x='Just a word'
for i in  x:
    print(i)

# 例4
for i in  x.split():
    print(i,len(i))

# 例5
for i in [-1,4,2,27,-34]:
    if i>0 and i<15:
        print(i,i**2+i/.5)
    elif i<0 and abs(i)>5:
        print(abs(i))
    else:
        print(4.5**i)
```

关于 list 的例子

```
x = range(5)
y = []
for i in range(len(x)):
    if float(i/2)==i/2:
        y.append(x[i]**2)
print('y', y)
z=[x[i]**2 for i in range(len(x)) if float(i/2)==i/2]
print('z',z)
```

1.4　NumPy 模块

　　首先输入这个模块, 比如用 `import numpy`, 这样, 凡是该模块的命令 (比如 array) 都要加上numpy 成为 `numpy.array`. 如果嫌字母太多, 则可以简写, 比如, 在输入numpy 模块时敲入 `import numpy as np`. 这样, `numpy.array` 就成为 `np.array`.

数据文件的存取

```
import numpy as np
x = np.random.randn(25,5)
np.savetxt('tabs.txt',x)#存成制表符分隔的文件
np.savetxt('commas.csv',x,delimiter=',')#存成逗号分隔的文件(如csv)
u = np.loadtxt('commas.csv',delimiter=',')#读取逗号分隔文件
v = np.loadtxt('tabs.txt')#读取逗号分隔文件
```

矩阵和数组

```
import numpy as np
y = np.array([[[1,4,7],[2,5,8]],[[3,6,9],[10,100,1000]]])
print(y)
print(np.shape(y))
print(type(y),y.dtype)
print(y[1,0,0],y[0,1,:])
```

整形和浮点型数组 (向量) 运算

```
import numpy as np
u = [0, 1, 2];v=[5,2,7]
u=np.array(u);v=np.array(v)
print(u.shape,v.shape)
print(u+v,u/v,np.dot(u,v))
u = [0.0, 1, 2];v=[5,2,7]
u=np.array(u);v=np.array(v)
print(u+v,u/v)
print(v/3, v/3.,v/float(3),(v-2.5)**2)
```

向量和矩阵的维数转换和矩阵乘法的运算

　　这里列出一些等价的做法, 请逐条执行和比较.

```
x=np.arange(3,5,.5)
y=np.arange(4)
print(x,y,x+y,x*y) #向量计算
```

```
print(x[:,np.newaxis].dot(y[np.newaxis,:]))
print(np.shape(x),np.shape(y))
print(np.shape(x[:,np.newaxis]),np.shape(y[np.newaxis,:]))
print(np.dot(x.reshape(4,1),y.reshape(1,4)))
x.shape=4,1;y.shape=1,4
print(x.dot(y))
print(np.dot(x,y))
print(np.dot(x.T,y.T), x.T.dot(y.T))#x.T是x的转置
print(x.reshape(2,2).dot(np.reshape(y,(2,2))))
x=[[2,3],[7,5]]
z = np.asmatrix(x)
print(z, type(z))
print(z.transpose() * z )
print(z.T*z== z.T.dot(z),z.transpose()*z==z.T*z)
print(np.ndim(z),z.shape)
```

分别按照列 (axis=0: 竖向) 或行 (axis=1: 横向) 合并矩阵, 和 R 的 rbind 及 cbind 类似.

```
x = np.array([[1.0,2.0],[3.0,4.0]])
y = np.array([[5.0,6.0],[7.0,8.0]])
z = np.concatenate((x,y),axis = 0)
z1 = np.concatenate((x,y),axis = 1)
print(z,"\n" ,z1,"\n",z.transpose()*z1)
z = np.vstack((x,y)) # Same as z = concatenate((x,y),axis = 0)
z1 = np.hstack((x,y))
print(z,"\n",z1)
```

数组的赋值

```
print(np.ones((2,2,3)),np.zeros((2,2,3)),np.empty((2,2,3)))
x=np.random.randn(20).reshape(2,2,5);print(x)
x=np.random.randn(20).reshape(4,5)
x[0,:]=np.pi
print(x)
x[0:2,0:2]=0
print(x)
x[:,4]=np.arange(4)
print(x)
x[1:3,2:4]=np.array([[1,2],[3,4]])
print(x)
```

行列序列的定义

这里np.c_[0:10:2] 是从 0 到 10, 间隔 2 的列 (c) 序列, 而np.r_[1:5:4j] 是从 1 到 5, 等间隔长度为 4 的行 (r) 序列.

```
print(np.c_[0:10:2],np.c_[0:10:2].shape)
print(np.c_[1:5:4j],np.c_[1:5:4j].shape)
print(np.r_[1:5:4j],np.r_[1:5:4j].shape)
```

网格及按照网格抽取数组 (矩阵) 的子数组

```
print(np.ogrid[0:3,0:2:.5],'\n',np.mgrid[0:3,0:2:.5])
print(np.ogrid[0:3:3j,0:2:5j],'\n',np.mgrid[0:3:3j,0:2:5j])
x = np.reshape(np.arange(25.0), (5,5))
print('x=\n',x)
print('np.ix_(np.arange(2,4),[0,1,2])=\n',np.ix_(np.arange(2,4),[0,1,2]))
print('ix_([2,3],[0,1,2])=\n',np.ix_([2,3],[0,1,2]))
print('x[np.ix_(np.arange(2,4),[0,1,2])]=\n',
x[np.ix_(np.arange(2,4),[0,1,2])]) # Rows 2 & 3, cols 0, 1 and 2
print('x[ix_([3,0],[1,4,2])]=\n', x[np.ix_([3,0],[1,4,2])])
print('x[2:4,:3]=\n',x[2:4,:3])# Same, standard slice
print('x[ix_([0,3],[0,1,4])]=\n',x[np.ix_([0,3],[0,1,4])])
```

舍入、加减乘除、差分、指数、对数等各种对向量和数组的数学运算

```
x = np.random.randn(3)
print('np.round(x,2)={},np.round(x, 4)={}'.format(np.round(x,2),np.round(x, 4)))
print('np.around(np.pi,4)=', np.around(np.pi,4))
print('np.around(x,3)=', np.around(x,3))

print('x.round(3)={},np.floor(x)={}'.format(x.round(3),np.floor(x)))
print('np.ceil(x)={}, np.sum(x)={},'.format(np.ceil(x), np.sum(x)))
print('np.cumsum(x)={},np.prod(x)={}'.format(np.cumsum(x),np.prod(x)))
print(',np.cumprod(x)={},np.diff(x)={}'.format(np.cumprod(x),np.diff(x)))

x= np.random.randn(3,4)
print('x={},np.diff(x)={}'.format( x,np.diff(x)))
print('np.diff(x,axis=0)=',np.diff(x,axis=0))
print('np.diff(x,axis=1)=',np.diff(x,axis=1))
print('np.diff(x,2,1)=', np.diff(x,2,1))
print('np.sign(x)={}, np.exp(x)={}'.format(np.sign(x),np.exp(x)))
print('np.log(np.abs(x))={},x.max()={}'.format(np.log(np.abs(x)),x.max()))
print(',x.max(1)={},np.argmin(x,0)={}'.format(x.max(1),np.argmin(x,0)))
print('np.max(x,0)={},np.argmax(x,0)={}'.format(np.max(x,0),np.argmax(x,0)))
print('x.argmin(0)={},x[x.argmax(1)]={}'.format(x.argmin(0),x[:,x.argmax(1)]))
```

一些函数的操作

```
x = np.repeat(np.random.randn(3),(2))
print(x)
print(np.unique(x))
y,ind = (np.unique(x, True))
print('y={},ind={},x[ind]={},x.flat[ind]={}'.format(y,ind,x[ind],x.flat[ind]))

x = np.arange(10.0)
y = np.arange(5.0,15.0)
print('np.in1d(x,y)=', np.in1d(x,y))
print('np.intersect1d(x,y)=', np.intersect1d(x,y))
print('np.union1d(x,y)=', np.union1d(x,y))
print('np.setdiff1d(x,y)=' , np.setdiff1d(x,y))
print('np.setxor1d(x,y)=',np.setxor1d(x,y))
x=np.random.randn(4,2)
print(x,'\n','\n',np.sort(x,1),'\n',np.sort(x,axis=None))
print('np.sort(x,0)',np.sort(x,0))
print('x.sort(0)',x.sort(axis=0) )
x=np.random.randn(3)
x[0]=np.nan #赋缺失值
print('x{}\nsum(x)={}\nnp.nansum(x)={}'.format(x,sum(x),np.nansum(x)))
print('np.nansum(x)/np.nanmax(x)=', np.nansum(x)/np.nanmax(x))
```

分割数组

```
x = np.reshape(np.arange(24),(4,6))
y = np.array(np.vsplit(x,2))
z = np.array(np.hsplit(x,3))
print('x={}\ny={}\nz={}'.format(x,y,z))
print(x.shape,y.shape,z.shape)
print(np.delete(x,1,axis=0)) #删除x第1行
print(np.delete(x,[2,3],axis=1)) #删除x第2,3列
print(x.flat[:], x.flat[:4]) #把x变成向量
```

矩阵的对角线元素与对角线矩阵

```
x = np.array([[10,2,7],[3,5,4],[45,76,100],[30,2,0]])#same as R
y=np.diag(x) #对角线元素
print('x={}\ny={}'.format(x,y))
print('np.diag(y)=\n',np.diag(y)) #由向量形成对角线方阵
print('np.triu(x)=\n' ,np.triu(x)) #x上三角阵
print('np.tril(x)=\n',np.tril(x))#x下三角阵
```

一些随机数的产生

```
print(np.random.randn(2,3))#随机标准正态2x3矩阵
#给定均值矩阵和标准差矩阵的随机正态矩阵:
print(np.random.normal([[1,0,3],[3,2,1]],[[1,1,2],[2,1,1]]))
print(np.random.normal((2,3),(3,1)))#均值为2,3,标准差为3,1的2个随机正态数
print(np.random.uniform(2,3))#均匀U[2,3]随机数
np.random.seed(1010)#随机种子
print(np.random.random(10))#10个随机数(0到1之间)
print(np.random.randint(20,100))#20到100之间的随机整数
print(np.random.randint(20,100,10))#20到100之间的10个随机整数
print(np.random.choice(np.arange(-10,10,3)))#从序列随机选一个
x=np.arange(10);np.random.shuffle(x);print(x)
```

一些线性代数运算

```
import numpy as np
x=np.random.randn(3,4)
print(x)
u,s,v= np.linalg.svd(x)#奇异值分解
Z=np.array([[1,-2j],[2j,5]])
print('Cholsky:', np.linalg.cholesky(Z))#Cholsky分解
print('x={}\nu={}\ndiag(s)={}\nv={}'.format(x,u,np.diag(s),v))
print(np.linalg.cond(x))#条件数
x=np.random.randn(3,3)
print(np.linalg.slogdet(x))#行列式的对数(及符号:1为正;-1为负)
print(np.linalg.det(x)) #行列式
y=np.random.randn(3)
print(np.linalg.solve(x,y)) #解联立方程
X = np.random.randn(100,2)
y = np.random.randn(100)
beta, SSR, rank, sv= np.linalg.lstsq(X,y,rcond=None)#最小二乘法
print('beta={}\nSSR={}\nrank={}\nsv={}'.format(beta, SSR, rank, sv))
#cov(x)方阵的特征值问题解:
va,ve=np.linalg.eig(np.cov(x))
print('eigen value={}\neigen vectors={}'.format(va,ve))
x = np.array([[1,.5],[.5,1]])
print('x inverse=', np.linalg.inv(x))#矩阵的逆
x = np.asmatrix(x)
print('x inverse=', np.asmatrix(x)**(-1)) #注意使用**(-1)的限制
z = np.kron(np.eye(3),np.ones((2,2)))#单位阵和全1矩阵的Kronecker积
print('z={},z.shape={}'.format(z,z.shape))
print('trace(Z)={}, rank(Z)={}'.format(np.trace(z),np.linalg.matrix_rank(z)))
```

关于日期

```
import datetime as dt
yr, mo, dd = 2016, 8, 30
print('dt.date(yr, mo, dd)=',dt.date(yr, mo, dd))
hr, mm, ss, ms= 10, 32, 10, 11
print('dt.time(hr, mm, ss, ms)=',dt.time(hr, mm, ss, ms))
print(dt.datetime(yr, mo, dd, hr, mm, ss, ms))
d1 = dt.datetime(yr, mo, dd, hr, mm, ss, ms)
d2 = dt.datetime(yr + 1, mo, dd, hr, mm, ss, ms)
print('d2-d1', d2-d1 )
print(np.datetime64('2016'))
print(np.datetime64('2016-08'))
print(np.datetime64('2016-08-30'))
print(np.datetime64('2016-08-30T12:00')) # Time
print(np.datetime64('2016-08-30T12:00:01')) # Seconds
print(np.datetime64('2016-08-30T12:00:01.123456789')) # Nanoseconds
print(np.datetime64('2016-08-30T00','h'))
print(np.datetime64('2016-08-30T00','s'))
print(np.datetime64('2016-08-30T00','ms'))
print(np.datetime64('2016-08-30','W'))#Upcase!
dates = np.array(['2016-09-01','2017-09-02'],dtype='datetime64')
print(dates)
print(dates[0])
```

1.5 Pandas 模块

产生一个数据框 (类似于 R 的), 并存入 csv 及 excel 文件 (指定 sheet) 中.

```
import pandas as pd
np.random.seed(1010)
w=pd.DataFrame(np.random.randn(10,5),columns=['X1','X2','X3','X4','Y'])
v=pd.DataFrame(np.random.randn(20,4),columns=['X1','X2','X3','Y'])
w.to_csv('Test.csv',index=False)
writer=pd.ExcelWriter('Test1.xlsx')
v.to_excel(writer,'sheet1',index=False)
w.to_excel(writer,'sheet2')
```

从 csv 及 excel 文件 (指定 sheet) 中读入数据

```
W=pd.read_csv('Test.csv')
V=pd.read_excel('Test1.xlsx','sheet2')
U=pd.read_table('Test.csv',sep=',')
print('V.head()=\n',V.head())#头5行
print('U.head(2)=\n',U.head(2))#头2行
print('U.tail(3)=\n',U.tail(3))#最后3行
print('U.size={}\nU.columns={}'.format(U.size, U.columns))
U.describe() #简单汇总统计量
```

一个例子 (diamonds.csv)

```
diamonds=pd.read_csv("diamonds.csv")
print(diamonds.head())
print(diamonds.describe())
print('diamonds.columns=',diamonds.columns)
print('sample size=', len(diamonds)) #样本量
cut=diamonds.groupby("cut") #按照变量cut的各水平分群
print('cut.median()=\n',cut.median())
print('Cross table=\n',pd.crosstab(diamonds.cut, diamonds.color))
```

1.6   Matplotlib 模块

输入模块

一般在 plt.show 之后, 显示独立图形, 可以对独立图形做些编辑. 如果想在输出结果中看到 "插图", 则可用 %matplotlib inline 语句, 但没有独立图形那么方便.

```
#如果输入下一行代码, 则会产生输出结果之间的插图(不是独立的图)
#%matplotlib inline
import matplotlib.pyplot as plt
```

最简单的图

```
y = np.random.randn(100)
plt.plot(y)
plt.plot(y,'g--')
plt.title('Random number')
plt.xlabel('Index')
plt.ylabel('y')
plt.show()
```

几张图

```python
import scipy.stats as stats
fig = plt.figure(figsize=(15,10))
ax = fig.add_subplot(2, 3, 1)#2x3图形阵
y = 50*np.exp(.0004 + np.cumsum(.01*np.random.randn(100)))
plt.plot(y)
plt.xlabel('time ($\tau$)')
plt.ylabel('Price',fontsize=16)
plt.title('Random walk: $d\ln p_t = \mu dt + \sigma dW_t$',fontsize=16)

y = np.random.rand(5)
x = np.arange(5)
ax = fig.add_subplot(2, 3, 5)
colors = ['#FF0000','#FFFF00','#00FF00','#00FFFF','#0000FF']
plt.barh(x, y, height = 0.5, color = colors, \
edgecolor = '#000000', linewidth = 5)
ax.set_title('Bar plot')

y = np.random.rand(5)
y = y / sum(y)
y[y < .05] = .05
ax = fig.add_subplot(2, 3, 3)
plt.pie(y)
ax.set_title('Pie plot')

z = np.random.randn(100, 2)
z[:, 1] = 0.5 * z[:, 0] + np.sqrt(0.5) * z[:, 1]
x = z[:, 0]
y = z[:, 1]
ax = fig.add_subplot(2, 3, 4)
plt.scatter(x, y)
ax.set_title('Scatter plot')

ax = fig.add_subplot(2, 3, 2)
x = np.random.randn(100)
ax.hist(x, bins=30, label='Empirical')
xlim = ax.get_xlim()
ylim = ax.get_ylim()
pdfx = np.linspace(xlim[0], xlim[1], 200)
pdfy = stats.norm.pdf(pdfx)
pdfy = pdfy / pdfy.max() * ylim[1]
plt.plot(pdfx, pdfy,'r-',label='PDF')
ax.set_ylim((ylim[0], 1.2 * ylim[1]))
```

```
plt.legend()
plt.title('Histogram')

ax = fig.add_subplot(2, 3, 6)
x = np.cumsum(np.random.randn(100,4), axis = 0)
plt.plot(x[:,0],'b-',label = 'Series 1')
plt.plot(x[:,1],'g-.',label = 'Series 2')
plt.plot(x[:,2],'r:',label = 'Series 3')
plt.plot(x[:,3],'h--',label = 'Series 4')
plt.legend()
plt.title('Random lines')
plt.show()
```

1.7　Python 的类——面向对象编程简介

Python 自存在以来一直是面向对象的语言. 学会面向对象编程 (object-oriented programming, OOP) 使得创建和使用类 (class) 和对象 (object) 非常简单. 本节通过几个例子对 Python 的类做一简单的介绍. 这里不做各种术语定义的列举, 但对出现的语句予以说明.

1.7.1　类的基本结构

下面的代码定义了一个名为 OOP 的类, 并且在最后产生了 4 个称为实例 (instance) 的对象 (object):

```
class OOP:
    'This is a simple class'
    Count=0
    def __init__ (self,name):
        self.name=name
        OOP.Count+=1
    def __str__(self):
        return '{self.name} is a programmer'.format(self=self)
    def foo(self):
        print ('Number of programmers is %d'%OOP.Count)
    def call(self,x):
        self.foo()
        print('Total time we wasted = {} days, and {} belong to {}'\
            .format(x*OOP.Count,x,self.name))

Tom=OOP('Tom')
Jerry=OOP('Jerry')
Janet=OOP('Janet')
Ruth=OOP('Ruth')
```

下面对这个类的语句做一些说明:

1. 在一开始有一个说明性质的字符串 `'This is a simple class'`, 这个字符串可以用代码 `OOP.__doc__` 打印出来.

2. 如上面 `__doc__` 那样的属性称为内置类属性 (built-in class attributes), 可以用下面的代码来显示:

```
OOP.__dict__,OOP.__name__,OOP.__module__,OOP.__bases__
```

输出如下:

```
(mappingproxy({'__module__': '__main__',
              '__doc__': 'This is a simple class',
              'Count': 4,
              '__init__': <function __main__.OOP.__init__(self, name)>,
              '__str__': <function __main__.OOP.__str__(self)>,
              'foo': <function __main__.OOP.foo(self)>,
              'call': <function __main__.OOP.call(this_object, x)>,
              '__dict__': <attribute '__dict__' of 'OOP' objects>,
              '__weakref__': <attribute '__weakref__' of 'OOP' objects>}),
 'OOP',
 '__main__',
 (object,))
```

3. 语句 `Count=0` 被称为实例变量 (instance variable), 是方法内定义的变量, 仅属于类的当前实例. 在本例中是计数用的, 由于有 4 个实例, 其值可以用 `OOP.Count` 得到, 也可用任何实例加 `.Count`(比如 `Tom.Count`, `Jerry.Count`, `Janet.Count`, `Ruth.Count`) 来得到 (当然都等于 4).

4. 语句 `def __init__ (self,name):` 是类构造函数 (class constructor) 或初始化方法 (initialization method), 用来定义 self 变量和输入变量 (这里是 name) 的. self 代表了任何一个用该类定义的实例, 比如输入 `Tom.name` 就输出 `'Tom'` (即 `self.name` 在实例 Tom 的代表). 而最后一句 `OOP.Count+=1` 也是每次用该类定义实例时要运行的代码 (上面定义了 4 个实例, 因此等于 4).

5. 函数 `def __str__(self):` 定义了一个字符串, 如果使用下面的代码:

```
str(Tom), str(Jerry),str(Janet),str(Ruth)
```

输出对每个实例不同:

```
('Tom is a programmer',
 'Jerry is a programmer',
 'Janet is a programmer',
 'Ruth is a programmer')
```

6. `def foo(self):` 仅仅是一个后面一个函数 (call) 将会 (使用 `self.foo()`) 引用的打印函数.

7. `def call(self,x):` 为这个类最后一个函数, 它除了 self 之外, 有一个输入 (x), 该函数运行了两个打印命令, 一个是上面的 `foo()`, 另外一个就是和 x 及 `self.name`

有关的信息. 比如代码

```
Tom.call(30000)
```

输出为:

```
Number of programmers is 4
Total time we wasted = 120000 days, and 30000 belong to Tom
```

从上面代码的运行结果可以看出, 每个实例都是一个对象, 输出也可以不同, 每个实例后面用点 "." 可以连接函数及类中 self. 后面的属性来得到相应的结果.

1.7.2 计算最小二乘回归的例子

随机生成数据

首先构造两个具有自变量和因变量的数据 (分别为 X1, y1 及 X2, y2):

```
np.random.seed(1010)
X1=np.random.randn(100,3)
y1=X1.dot(np.arange(3))+np.random.randn(100)
np.random.seed(8888)
X2=np.random.randn(70,4)
y2=X2.dot(np.arange(4))+np.random.randn(70)
```

计算最小二乘回归的类

下面定义一个用于计算最小二乘回归的类:

```
import numpy as np
class MyC:
    'Simple'
    Count=0

    def __init__(self, name, age):
        self.name = name
        self.age = age
        MyC.Count+=1
        print('This is an object of {}, age {}'.format(self.name,age))
    def fit(self,X,y,intercept=True):
        if intercept:
            X=np.hstack((np.ones((X.shape[0],1),dtype=X.dtype),X))
        b=np.linalg.inv(X.T.dot(X)).dot(X.T).dot(y)
        y_hat=X.dot(b)
        self.b=b
        self.y_hat=y_hat
        self.resid=y-y_hat
```

```
self.MSE=np.mean((y-y_hat)**2)
print("In {}'s OLS project, param:\n {}".format(self.name,b))
```

生成实例

用这个类产生两个实例:

```
a=MyC('Tom',13)
b=MyC('Jerry',12)
```

输出来自 __init__(self, name, age) 的打印命令, 输出两个实例输入的名字和年龄:

```
This is an object of Tom, age 13
This is an object of Jerry, age 12
```

拟合两个数据

用最小二乘模型 (由于采用默认值 intercept=True, 因此带有截距项) 分别拟合前面生成的两个数据:

```
a.fit(X1,y1)
b.fit(X2,y2)
```

这产生了函数 fit 的自动打印输出 (包括估计的回归系数):

```
In Tom's OLS project, param:
 [ 0.06577294 -0.01687886  1.11312727  1.9022737 ]
In Jerry's OLS project, param:
 [-0.20662524  0.04069133  0.82040947  1.89809426  3.14578563]
```

如同前面小节, 使用代码

```
a.name,a.age,b.name,b.age
```

输出为:

```
('Tom', 13, 'Jerry', 12)
```

展示其他结果

函数 fit 有更多的结果可以展示, 如拟合值 (y_hat)、残差 (resid)、均方误差 (MSE). 比如, 使用 a.MSE, b.y_hat, a.resid 那样的代码, 或等价的 getattr(a, 'MSE'), getattr(b, 'y_hat'), getattr(a, 'resid') 等显示各种拟合结果.

另外, 使用 hasattr(a,'MSE') 之类的代码, 可查看某实例是否有后面所列的属性. 也可以使用诸如 setattr(a, 'name', 'Tommy') 那样的语句改变一个实例 (这里是 a) 的某属性 (这里是 'name') 原先的值为另一个值 (这里是 'Tommy').

1.7.3 子类

很大一部分深度学习的神经网络都是某神经网络模型的子类, 子类继承其父类的属性, 可以使用这些属性, 就像它们在子类中定义一样. 子类可以覆盖父类中的数据成员和方法, 还可增加很多特有的功能.

定义子类

下面就从1.7.2节引入的类 MyC 生成一个子类. 具体代码为:

```python
import matplotlib.pyplot as plt
class MyCC(MyC):
    'Child class'
    def __init__(self,name):
        self.name=name
        print('A child of MyC for', name)
    def predict(self,X,y,intercept=True):
        if intercept:
            X=np.hstack((np.ones((X.shape[0],1),dtype=X.dtype),X))
        self.pred=X.dot(self.b)

        self.cvresid=y-self.pred
    def plot(self):
        plt.figure(figsize=(21,7))
        plt.subplot(121)
        plt.scatter(self.y_hat,self.resid)
        plt.axhline(y=0,linewidth=4, color='r')
        plt.grid()
        plt.xlabel('Fitted value of training set')
        plt.ylabel('Residual for training set')
        plt.subplot(122)
        plt.scatter(self.pred,self.cvresid)
        plt.axhline(y=0,linewidth=4, color='r')
        plt.grid()
        plt.xlabel('Fitted value of testing set')
        plt.ylabel('Error for testing set')
        plt.show()
```

生成一个实例

生成一个 MyCC 的实例:

```
ac=MyCC('Seth')
```

在子类 __init__ 定义的打印输出为:

```
A child of MyC for Seth
```

由于还没有拟合数据, 不会显示父类中原有的诸如 ac.y_hat 等拟合后才产生的属性.

使用父类的函数拟合训练集

使用父类函数 fit 拟合训练集 (前 80%的 X1, y1 数据):

```
ac.fit(X1[:80],y1[:80])
```

按照父类拟合输出的格式, 打印出:

```
In Seth's OLS project, param:
 [0.13562703 0.06082705 1.17951671 1.96968663]
```

这时才产生了父类在执行 fit 后具有的属性, 诸如 ac.resid, ac.y_hat, ac.MSE, ac.b.

使用子类的函数对测试集做预测

下面对数据 X1 除去训练集剩下的后 20%数据作为测试集做预测:

```
ac.predict(X1[80:],y1[80:])
```

这个命令没有输出, 但增加了一些属性, 如 ac.pred, ac.cvresid.

用子类函数画训练集的残差图及测试集的误差图

```
ac.plot()
```

输出见图1.7.1.

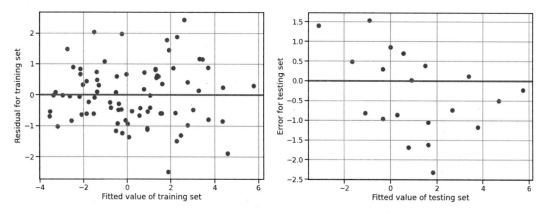

图 1.7.1　训练集的残差图及测试集的误差图

1.8 习 题

1. 用 Python 编写读取扩展名为 txt, csv, xls 及 xlsx 的文件的数据, 并且把读取的数据放到你自己的以这 4 种扩展名命名的数据文件中. 提示: 如果不会, 在网上查找方法.

2. 用 Python 编写求某范围 (比如小于 100000) 以内素数的程序, 定义为函数.

3. 用 Python 编写一个通过对话猜测年龄的程序: 使用者只需对你提出的诸如 "您是不是大于 30 岁""您是不是小于 50 岁" 之类的问题回答 "是" 或者 "不是", 经过几次问答后, 使得程序猜测的年龄误差精确到 2 年以内.

4. 先挑选一些名词、动词、连接词, 把它们分别存成 list 形式, 然后用 Python 编写一个程序来用这些词语随机拼凑成 "主语 + 谓语 + 宾语" 形式的句子.

5. 用 Python 编写高斯消元法解方程的程序, 定义成函数, 并且和已有 Python 的解方程函数比较.

6. 用 Python 编写代替 Excel 软件大部分功能的代码.

7. 用 Python 设计一个类及子类.

第二部分

神经网络基础及逐步深化

第 2 章　从最简单的神经网络说起

在计算机出现之前, 数据分析最常用的模型是最小二乘回归及 logistic 回归. 在数据不那么复杂以及样本量不那么大的条件下, 这些方法手算也能实现, 而其结果在那个时代也是被广泛接受的. 但是在计算机时代, 随着数据量及数据复杂性的增加, 人们随着计算手段的增加而不断提高对结果的要求. 诸如最小二乘回归及 logistic 回归等传统有监督学习方法在计算机时代遇到了强有力的挑战. 由于本书讨论的是以神经网络为基本构架的深度学习, 我们不对机器学习的其他方法做介绍, 仅仅是通过最小二乘回归及 logistic 回归与神经网络的对比来介绍神经网络的基本结构.

在此之前, 先介绍纪元和批次的概念.

2.1　纪元和批次

神经网络的训练, 通常需要进行迭代, 而每次迭代都通过误差梯度等特性来更新原有的参数, 以改进拟合. 但需要考虑训练模型时要用多少次整个训练集及每一次迭代需要用多少观测值. 这就产生了**纪元 (epoch)**[1]和**批/批次/批处理 (batch)** 的概念.

在通常统计课程中的**样本量 (sample size)** 概念就是数据中全部观测值的数量, 而把全部训练集数据用来训练模型在深度学习中则称为一个纪元, 这是因为在深度学习中往往需要用整个训练集数据来训练模型多次 (训练几次就称几个纪元). 由于无法在每个纪元的训练中一次将所有数据传递给计算机, 因此, 需要将整个训练集数据分成较小尺寸 (patch size) 的批次, 逐个提供给计算机, 并在每一步结束时更新神经网络的权重以使预测接近给定的目标值.[2]

纪元的数量很大, 可能为数百或数千, 这使得学习算法可以运行, 直到将模型中的误差充分最小化为止. 在一些文献中可以看到纪元数目设置为 10、100、500、1000 和更大的示例. 为什么使用多个纪元呢? 这是因为我们使用的是有限的数据集, 为了优化由迭代积攒的学习效果, 仅通过一次或一次更新权重是不够的, 需要将完整的数据集多次传递到同一个神经网络.

当所有训练样本都用于创建一个批次时, 该学习算法称为批次梯度下降 (batch gradient descent); 当批次等于一个样本的大小时, 该学习算法称为随机梯度下降 (stochastic gradient descent); 当批次大小大于一个样本且小于训练数据集的大小时, 该学习算法称为微型批次梯度下降 (mini-batch gradient descent).

在小批量梯度下降的情况下, 常用的批量大小包括 32、64 和 128 个样本. 如果数据集

---

[1]术语 epoch 可以翻译成常用词 "时代" 或 "时期", 这里用纪元主要是避免使用常用词做专门术语.

[2]在统计中称为观测值的是一行数据, 是许多变量 (variable) 的观测值组成的向量, 英文是 observation, 而称一个数据集为样本 (sample); 但是在计算机领域往往称变量为特征 (feature), 观测值为样品或样本 (sample), 也称为实例 (instance)、观测 (observation)、输入向量 (input vector) 或特征向量 (feature vector).

没有按批次大小平均划分怎么办? 在训练模型时, 这种情况可能而且确实经常发生. 这仅表示最终批次的样品少于其他批次, 或者可以从数据集中删除一些样本或更改批次大小, 以使数据集中的样本数量确实等于样本量除以批次大小.

批次数目及纪元数目都是整数值, 是学习算法的超参数, 而不是学习过程发现的内部模型参数. 为学习算法指定批处理大小和纪元数是必须的. 但如何配置这些参数则没有规则, 必须尝试不同的值, 以适合具体课题.

在本章的例子中, 样本量很少, 我们只有一个批次, 也只进行一个纪元的计算.

2.2 神经网络回归

我们考虑一个人造的回归例子. 为了后面的计算, 首先输入一些模块:

```
import numpy as np
import pandas as pd
import seaborn as sns
import matplotlib
%matplotlib inline
import matplotlib.pyplot as plt
```

例 2.1 (sim0.csv) 这个数据有一个因变量, 三个自变量, 样本量为 20. 我们希望能够找到一个用自变量来描述或预测因变量的模型. 图2.2.1为该数据的成对散点图.

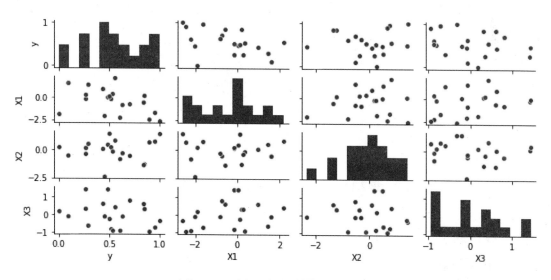

图 2.2.1　例2.1数据的成对散点图

下面的代码包括读入数据、展示该数据的头几行以及生成图2.2.1.

```
W=pd.read_csv("sim0.csv")
print(W.head(4))
```

输出为:

```
        y         X1         X2         X3
0  0.845427   0.185279  -1.236787   0.326003
1  0.433077   0.997556   0.087373   0.640670
2  0.263135  -0.147238   0.166109   1.428932
3  1.000000  -2.612769   1.439875  -0.323949
```

从图2.2.1我们看不出有任何关系和模式, 也很难假定什么固定模型. 尽管如此, 我们总是可以建立通常的线性最小二乘回归模型, 因为建立最小二乘回归模型本身不需要任何假定, 只有与其相关的检验才需要各种人为假定.

对于线性回归, 我们在自变量中加上代表常数项的全是 1 的一列, 这样自变量向量 (y) 和因变量矩阵 (X) 就由下面的代码确定:

```
X=np.hstack((np.ones((W.shape[0],1)),np.array(W.iloc[:,1:])))
y=np.array(W.y).reshape(-1,1)
```

该数据因变量和自变量 (包括常数项) 的关系可以用图2.2.2来表示, $\boldsymbol{\beta} = (\beta_0, \beta_1, \beta_2, \beta_3)$ 可以看成是回归系数.

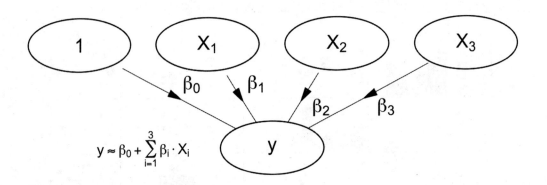

图 2.2.2　例2.1数据因变量和自变量在线性回归中的关系

2.2.1 线性最小二乘回归

对于线性模型

$$y_i = \beta_0 + \beta_1 X_{i1} + \beta_2 X_{i2} + \beta_3 X_{i3} + \epsilon_i, \ \ i = 1, 2, \ldots, n$$

或 (等价的矩阵形式)

$$\boldsymbol{y} = \boldsymbol{X}\boldsymbol{\beta} + \boldsymbol{\epsilon}$$

实施线性最小二乘回归:

```
beta, SSR, rank, sv= np.linalg.lstsq(X,y,rcond=None)
print('beta={}\nSSR={}\nrank={}\nsv={}'.format(beta, SSR, rank, sv))
```

输出系数和残差平方和:

```
beta=[[ 0.51355079]
 [-0.08015186]
 [ 0.029948  ]
 [-0.04238342]]
SSR=[1.16376662]
```

这里显示系数估计为:

$$\hat{\beta}_0 \approx 0.514, \quad \hat{\beta}_1 \approx -0.080, \quad \hat{\beta}_2 \approx 0.030, \quad \hat{\beta}_3 \approx -0.042,$$

残差平方和为 SSR ≈ 1.164. 于是我们有拟合的模型

$$y = \beta_0 + \sum_{i=1}^{3} \beta_i X_i = 0.514 - 0.080X_1 + 0.030X_2 - 0.042X_3.$$

系数估计的过程实际上可以用如下公式来表示:

$$\hat{\boldsymbol{\beta}} = (\boldsymbol{X}^\top \boldsymbol{X})^{-1} \boldsymbol{X}^\top \boldsymbol{y}.$$

2.2.2 最简单的神经网络

类似于关于线性回归的图2.2.2, 图2.2.3描述了最简单的神经网络.

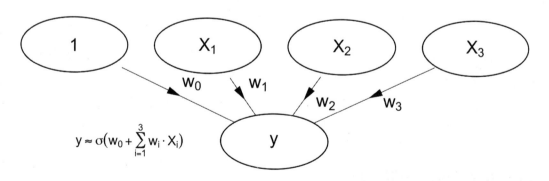

图 2.2.3　例2.1数据因变量和自变量在神经网络中的关系

图2.2.3中上面一层被称为**输入层** (input layer), 其中的节点代表了 3 个输入节点及一个常数项, 下面一层只有一个节点 (因为只有一个因变量), 称为**输出层** (output layer). 我们也要估计出相应的权重 ($\boldsymbol{w} = (w_0, w_1, w_2, w_3)$) 来形成线性组合 $w_0 + \sum_{i=1}^{3} w_i X_i = w_0 + w_1 X_1 + w_2 X_2 + w_3 X_3$, 但是, 我们不是简单地用这个线性组合来近似因变量, 而是通过该线性组合

的一个称为**激活函数** (activation function) 的函数 $\sigma(w_0 + \sum_{i=1}^{3} w_i X_i)$ 来近似因变量. 这就是和前面线性回归中简单地用线性组合 $\beta_0 + \sum_{i=1}^{3} \beta_i X_i$ 来近似因变量的根本区别. **激活函数使得自变量和因变量之间的关系从单纯的线性关系中解放出来, 因此神经网络可以解决非常复杂的非线性问题.**

下面是激活函数的某些常用的选择:

$$\sigma(x) = \frac{1}{1 + \mathrm{e}^{-x}}, \; \sigma(x) = \tanh(x), \; \sigma(x) = \max(0, x).$$

这三种激活函数的头两个称为 S 型函数 (sigmoid): 第 1 个是 logistic 函数, 第 2 个是双曲正切, 第 3 个称为 ReLU 函数 (rectified linear unit). 这三种激活函数的图显示在图2.2.4中.

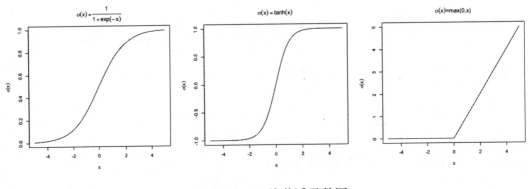

图 2.2.4   三种激活函数图

此外, 还有一种激活函数称为 softmax, 它把一个描述记分的向量转换成总和为 1 的概率向量, 该向量表示潜在结果列表的概率分布.

$$\sigma(y_i) = \frac{\mathrm{e}^{y_i}}{\sum_j \mathrm{e}^{y_j}}.$$

上述激活函数有很多变种. 此外, 人们针对不同的目标发明了大量其他类型的激活函数, 这里不做过多介绍.

由于激活函数改变了值域, 因此激活函数用在输出层时 (在隐藏层的激活函数不会对输出层的值域有影响), 可能需要对因变量数据做变换, 比如, 在用 S 型激活函数时, 值域在 0 和 1 之间, 这时相应的值也要变换到相应的值域, 否则不会得到合理的结果.

2.2.3 神经网络是如何学习的

神经网络是机器学习的一个例子, 其权重是如何得到的呢? 当然不像最小二乘线性回归那样由一些封闭的数学公式算出来, 而是通过计算机迭代一点一点地试出来. 下面就例2.1的简单神经网络来说明. 由于带有常数项的 $\boldsymbol{X}$ 是 20×4 矩阵, 因此, 这里使用 4×1 矩阵 $\boldsymbol{W} = (w_0, w_1, w_2, w_3)^\top$ 来表示权重 (实际上是个向量, 但为了后面一般化推广, 使用矩阵符号).

首先, 调试权重有一个标准, 也就是要给出一个损失函数, 我们的迭代是以减少损失为

目标的. 这里的损失假定是平方损失 (如最小二乘法的损失函数): $\|\hat{\boldsymbol{y}}-\boldsymbol{y}\|^2$. 此外, 对于例2.1, 我们取激活函数为 $\sigma(x)=1/(1+\exp(-x))$. 在迭代之前, 需要给出一个初始权重值 (可以是随机的). 后面从第 i 步开展的具体步骤为:

1. **前向传播** (forward propagation): 在某一步得到权重 $\boldsymbol{W}$, 并根据权重得到对因变量 $\boldsymbol{y}$ 的一个估计值 $\hat{\boldsymbol{y}} = \sigma(\boldsymbol{XW})$ 及损失 $\|\boldsymbol{y} - \hat{\boldsymbol{y}}\|^2$.

2. **求梯度**: 通过偏导数的链原理, 我们得到损失函数相对于权重的偏导数为:

$$\frac{\partial \|\boldsymbol{y}-\hat{\boldsymbol{y}}\|^2}{\partial \boldsymbol{W}} = \frac{\partial \|\boldsymbol{y}-\hat{\boldsymbol{y}}\|^2}{\partial \hat{\boldsymbol{y}}} \frac{\partial \sigma(\boldsymbol{XW})}{\partial \boldsymbol{XW}} \frac{\partial \boldsymbol{XW}}{\partial \boldsymbol{W}}.$$

由于

$$\frac{\partial \|\boldsymbol{y}-\hat{\boldsymbol{y}}\|^2}{\partial \hat{\boldsymbol{y}}} = -2(\boldsymbol{y}-\hat{\boldsymbol{y}}), \tag{2.2.1}$$

$$\frac{\partial \sigma(\boldsymbol{XW})}{\partial \boldsymbol{XW}} = \sigma(\boldsymbol{XW}) \odot [1-\sigma(\boldsymbol{XW})], \tag{2.2.2}$$

$$\frac{\partial \boldsymbol{XW}}{\partial \boldsymbol{W}} = \boldsymbol{X}, \tag{2.2.3}$$

得到偏导数为 (符号 "$\odot$" 是矩阵 (向量) 或同维度数组元素对元素的积, 也称为 Hadamard 积 (Hadamard Product))[3]:

$$\nabla_{loss} = \frac{\partial \|\boldsymbol{y}-\hat{\boldsymbol{y}}\|^2}{\partial \boldsymbol{W}} = -2\boldsymbol{X}^{\top} \left\{ (\boldsymbol{y}-\hat{\boldsymbol{y}}) \odot \sigma(\boldsymbol{XW}) \odot [1-\sigma(\boldsymbol{XW})] \right\}.$$

3. 利用**梯度下降法** (gradient descent) 做**反向传播** (backpropagation): 对权重的修正赋值为:

$$\boldsymbol{W} \Leftarrow \boldsymbol{W} - \alpha \odot \nabla_{loss}. \tag{2.2.4}$$

然后回到步骤 1, 继续重复上述步骤, 直到误差小到预定的范围或者达到一定的迭代次数为止.

下面对于上面的式 (2.2.2) 和式 (2.2.4) 做出解释. 式 (2.2.2) 其实就是简单的对 $\sigma(x) = 1/(1+\exp(-x))$ 的导数, 即

$$\sigma'(x) = \frac{\exp(-x)}{[1+\exp(-x)]^2} = \frac{\exp(-x)}{1+\exp(-x)} \left[1 - \frac{\exp(-x)}{1+\exp(-x)} \right] = \sigma(x)[1-\sigma(x)].$$

为了解释涉及梯度下降法的式 (2.2.4), 我们考虑某一维权重 (w) 和误差损失的关系图 (见图2.2.5). 人们希望改变权重以达到减少误差损失的目的. 在图2.2.5中间, 误差损失达到极小值.

假定目前的 w_0 的误差在图中左边用 "0" 标记的圆圈形状的点表示, 这时误差变化最大的方向是箭头标明的切线 (梯度) 方向, 该梯度的方向是曲线在相应点的导数 (斜率) 方向,

---

[3]如果 $\boldsymbol{A} = (a_{ij})$ 及 $\boldsymbol{B} = (b_{ij})$ 都是 $m \times n$ 矩阵, 则这两个矩阵的 Hadamard 积表示为 $\boldsymbol{A} \odot \boldsymbol{B}$ 也是 $m \times n$ 矩阵, 其元素为相应元素的乘积: $\boldsymbol{A} \odot \boldsymbol{B} = (a_{ij}b_{ij})$.

其值可记为 $\frac{\partial}{\partial w}\text{Error}$ 或者 ∇_{loss}. 于是权重从原先的值 w_{old} 改变到新的值 w_{new}:

$$w_{new} = w_{old} - \alpha \odot \nabla_{loss}, \qquad (2.2.5)$$

这里 α 是个调节步长的正常数. 那么, **为什么式中是减号呢?** 从图2.2.5中可以直观看出, 左边的导数为负, 即 $\nabla_{loss} < 0$, 而 w 应该增加, 在右边导数为正, 而 w 应该减少, 所以上式应该是减号. 如此, 从点 "0" 变化到点 "1", 再变化到点 "2", 等等, 如此下去, 越接近极小值, 斜率数值逐渐减小, 调整的步伐也相对越小, 直到误差在极小值的某认可的小邻域之内.

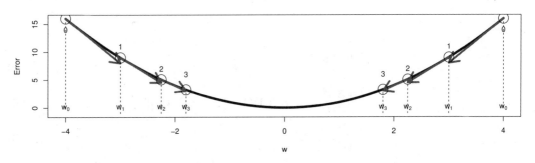

图 **2.2.5**   梯度下降法示意图

2.2.4 用神经网络拟合例2.1数据

完全按照前面叙述的步骤, 使用下面代码来拟合例2.1数据 (注意: 由于我们使用 S 型激活函数, 如果因变量不在值域 $[0, 1]$ 时, 应该把因变量数据值域转换成 0 到 1 之间, 在最后再变换回来, 本例没有这个问题. 此外, 在隐藏层的激活函数不会对输出层的值域有影响):

```python
W=pd.read_csv("sim0.csv")
X=np.hstack((np.ones((W.shape[0],1)),np.array(W.iloc[:,1:])))
y=np.array(W.y).reshape(-1,1)

import numpy as np
# logit激活函数及其导数
def Logit(x,d=False):
    if(d==True):
        return x*(1-x) #np.exp(-x)/(1+np.exp(-x))**2 #
    return 1/(1+np.exp(-x))
np.random.seed(1010)
#初始权重
w = np.random.random((X.shape[1],1))
alpha=0.5
L=[] #记录残差平方和损失
k=5 #最多迭代次数
for iter in range(k):
# 前向传播
```

```
    sigma_x = Logit(np.dot(X,w),False) #激活函数
    resid=y - sigma_x
    D = resid* Logit(sigma_x,True)
    w += alpha*np.dot(X.T,D) #更新权重
    L.append(np.sum(resid**2))

#输出残差平方和及权重
print('SSR={}\n weights=\n{}'.format(np.sum(resid**2),w0))
```

输出为:

```
SSR=1.1779885370033085
 weights=
[[ 0.06248906]
 [-0.33314972]
 [ 0.10057182]
 [-0.12433916]]
```

这显示了拟合的残差平方和为 SSR ≈ 1.178, 而权重为:

$$\hat{w}_0 \approx 0.062, \ \hat{w}_1 \approx -0.333, \ \hat{w}_2 \approx 0.101, \ \hat{w}_3 \approx -0.124.$$

拟合的模型为:

$$y = \sigma\left(w_0 + \sum_{i=1}^{3} w_i X_i\right) = \sigma\left(0.062 - 0.333X_1 + 0.101X_2 - 0.124X_3\right).$$

代码说明

下面把上面的代码和迭代公式相对照:

1. 函数 Logit(x,d=False) 给出 logistic 激活函数 $\sigma(x) = 1/(1 + \mathrm{e}^{-x})$ 本身 (用于前向传播, 以 x 为变元) 及其导数 (用于反向传播, 以 $\sigma(x)$ 为变元). 注意变元的不同.

2. w = np.random.random((shape[1],1)) 为随机的初始权重.

3. alpha=0.5 为任意取的学习率.

4. sigma_x = Logit(np.dot(X,w),False) 给出了 $\sigma(\boldsymbol{XW})$.

5. resid = y - sigma_x 给出了 $\boldsymbol{y} - \hat{\boldsymbol{y}}$.

6. D=resid*Logit(sigma_x,True) 为 $(\boldsymbol{y} - \hat{\boldsymbol{y}}) \odot \sigma(\boldsymbol{XW})[1 - \sigma(\boldsymbol{XW})]$.

7. w += alpha*np.dot(X.T,D) 为权重的更新 (参见式 (2.2.4)), 用于前面的 D 没有负号, 所以这里添上后 (负负得正) 得到正号.

输入下面代码可以输出残差平方和随着迭代次数 (我们只迭代了 5 次) 而变化的曲线图2.2.6:

```
plt.figure(figsize=(20,7))
plt.plot(np.arange(k),L[:],linewidth=5)
plt.xlabel('step i',fontsize=30)
plt.ylabel('$y-\hat y^{(i)}$',fontsize=30)
```

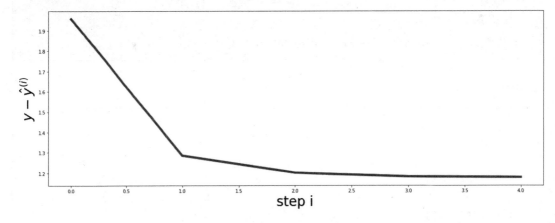

图 2.2.6   残差平方和随着迭代次数而变化的曲线

2.3   神经网络分类

2.3.1   原理及简单二分类

　　神经网络分类的原理和回归完全一样. 仅有的区别是输出会有多个节点. 如果因变量只有 (诸如 "成功" 和 "失败") 两类, 通常用哑元 1 和 0 表示, 那么只有一个节点就够了, 通常输出的值接近 1 或接近 0 则判别为 1 或 0. 如果因变量有 k 类, 则通常用 k 列哑元变量代替. 下面的代码是具有 4 类 (a, b, c, d) 的因变量的转换示意:

```
s = pd.Series(list('dabcdab'))
print(pd.get_dummies(s))
```

输出为:

```
   a  b  c  d
0  0  0  0  1
1  1  0  0  0
2  0  1  0  0
3  0  0  1  0
4  0  0  0  1
5  1  0  0  0
6  0  1  0  0
```

　　通过神经网络输出的结果当然不会是 0 和 1, 但距离 0 或 1 哪个近, 则判定为相应的值. 下面用一个简单的小例子来显示神经网络分类.

例 **2.2** (sim1.csv) 这个数据有一个因变量 (0 和 1 两类), 4 个自变量 (都是 0/1 哑元变量). 样本量为 6. 我们希望能够找到一个用自变量来预测因变量类型的模型.

下面的代码包括读入数据、展示该数据的头几行以及生成变量的成对散点图 (见图2.2.1):

```
w=pd.read_csv("sim1.csv")
X=np.array(w.iloc[:,:-1])
y=np.array(w.y).reshape(-1,1)
print(w)
```

输出为:

```
   X1  X2  X3  X4  y
0   0   0   1   1  0
1   0   1   1   0  0
2   1   0   1   0  1
3   1   1   1   0  1
4   1   1   0   0  1
5   0   0   1   0  0
```

使用和上面回归完全相同的代码, 仅仅在输出上稍有改动.

```
import numpy as np
def Logit(x,d=False):
    if(d==True):
        return x*(1-x) #np.exp(-x)/(1+np.exp(-x))**2 #
    return 1/(1+np.exp(-x))
np.random.seed(1010)
w = np.random.random((X.shape[1],1))
alpha=0.5
L=[] #记录误判率
k=50 #最多迭代次数
for iter in range(k):
# 前向传播
    sigma_x = Logit(np.dot(X,w),False) #激活函数
    resid = y - sigma_x #误差
#计算梯度
    D = resid * Logit(sigma_x,True)
    w += alpha*np.dot(X.T,D) #更新权重
    L.append(np.sum(resid**2))


#输出
def accu():
    yhat=[]
    for s in sigma_x:
        if s>0.5: yhat.append(1)
```

```
        else: yhat.append(0)
    return (yhat,np.mean(yhat==y.flatten()))
yhat,r=accu()
print ("Output:\n{},\nprediction:\n{}\nOriginal y=\n{}\nAccuracy={}"\
        .format(sigma_x.flatten(),yhat,y.flatten(),r))
print('weights:\n{}'.format(w))
```

输出为:

```
Output:
[0.10135551 0.19205511 0.83097217 0.83590048 0.95690312 0.18660617],
prediction:
[0, 0, 1, 1, 1, 0]
Original y=
[0 0 1 1 1 0]
Accuracy=1.0
weights:
[[ 3.08876206]
 [ 0.03274647]
 [-1.48276799]
 [-0.71465412]]
```

输出的原本不是整数, 这里通过函数 accu() 以 0.5 作为阈值来判别其为 0 还是 1(在实际应用中, 0.5 并不一定是个合理的阈值).

2.3.2 多分类问题

如果因变量是多分类变量, 首先需要对因变量做哑元化, 因此, 我们在例2.2人造数据上添加一列 3 而成为因变量有 3 个水平的数据. 下面的代码用 3 分类神经网络来拟合这个新数据:

```
W=pd.read_csv("sim1.csv")
np.random.seed(313)
W['yy']=np.random.choice(3,6)
a=pd.get_dummies(W.yy)
Wa=pd.concat([W,a],axis=1)
Wa=Wa.rename(columns={0:'Y1',1:'Y2',2:'Y3'})

X=np.array(Wa.iloc[:,0:4])
Y=np.array(Wa.iloc[:,6:9])
```

同样地, 对其做神经网络分类, 代码为:

```
import numpy as np
def Logit(x,d=False):
    if(d==True):
        return x*(1-x) #np.exp(-x)/(1+np.exp(-x))**2 #
    return 1/(1+np.exp(-x))
np.random.seed(1010)
w = np.random.random((X.shape[1],3)) # 权重为该层的节点数*下一层的节点数
alpha=0.5
L=[] #记录误判率
k=50 #最多迭代次数
for iter in range(k):
# 前向传播
    sigma_x = Logit(np.dot(X,w),False) #激活函数
    resid = Y - sigma_x #误差
#计算梯度
    D = resid * Logit(sigma_x,True)
    w += alpha*np.dot(X.T,D) #更新权重
    L.append(np.sum(resid**2))

import itertools
def accum():
    m=len(np.unique(W.yy))
    yyhat=[[] for i in range(m)]
    for i in range(m):
        for s in sigma_x[:,i]:
            if s>0.5: yyhat[i].append(1)
            else: yyhat[i].append(0)
    fyyhat = list(itertools.chain(*yyhat))
    fY=Y.flatten('F')
    return (yyhat, np.mean(fyyhat==fY))
yyhat,r=accum()

print ("Output:\n{},\nprediction:\n{}\nOriginal y=\n{}\nAccuracy={}"\
    .format(sigma_x,yyhat,Y.flatten('F'),r))
print('weights:\n{}'.format(w))
```

输出为:

```
Output:
[[0.78374347 0.18501525 0.1600475 ]
 [0.31898403 0.16515364 0.61361595]
 [0.32700041 0.78848628 0.03514147]
 [0.29183319 0.48909864 0.11623587]
 [0.4273267  0.55411759 0.23021898]
```

```
    [0.35577931 0.43513412 0.30544672]],
prediction:
[[1, 0, 0, 0, 0, 0], [0, 0, 1, 0, 1, 0], [0, 1, 0, 0, 0, 0]]
Original y=
[1 0 0 0 1 1 0 0 1 1 0 0 0 1 0 0 0]
Accuracy=0.7777777777777778
weights:
[[-0.12411843  1.58977588 -2.51807154]
 [-0.15944514 -1.37544398  1.30346546]
 [-0.602361   -0.25827461 -0.82541316]
 [ 1.89967374 -1.23574585 -0.84713896]]
```

本章介绍了最简单的神经网络, 只包含有若干节点的输入层和一个输出层. 这种简单的神经网络是复杂的神经网络的基本构件. 任何复杂的神经网络仅仅是这种基本构件 (各种变化形式) 的重复和组合.

第 3 章　有隐藏层的神经网络

3.1　一个隐藏层的神经网络

图3.1.1由输入层 (4 个节点)、一个隐藏层 (5 个节点) 及输出层 (1 个节点) 组成. 图中最上面的是**输入层** (input layer), 中间是**隐藏层** (hidden layer), 最下面是**输出层** (output layer).

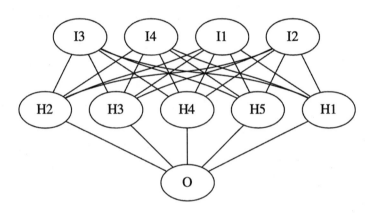

图 3.1.1　有一个隐藏层的神经网络

这种神经网络每一层的每个节点都和下面一层的每个节点连接, 称为**完全的** (complete) 神经网络. 该神经网络从输入层到隐藏层实际上是由 5 个前面介绍的简单神经网络组成的, 而从隐藏层到输出层又是一个简单的神经网络, 如图3.1.2所示.

3.1.1　符号定义

为了方便:

- 记 L 为总层数 (包括隐藏层和输出层), 而每一层节点数为 n_ℓ ($\ell = 1, 2, \ldots, L$), 对于图3.1.1的模型, $n_1 = 4, n_2 = 5, n_3 = 1$.
- 数据自变量 $\boldsymbol{X}$ 为 $N \times K$ 维, 因变量 $\boldsymbol{y}$ 为 $N \times M$ 维, 对于图3.1.1的模型, $K = 4, M = 1$.
- 记激活函数为 $\sigma()$, 为了方便, 假定各个节点使用同样的激活函数.
- 记第 i ($i > 1$) 层节点的输出为 $\boldsymbol{H}^{(i)} = \sigma\left(\boldsymbol{H}^{(i-1)}\boldsymbol{W}^{(i-1)}\right)$, 而定义 $\boldsymbol{H}^{(1)} = \boldsymbol{X}$, $\boldsymbol{H}^{(L)} = \hat{\boldsymbol{y}}$, 对于图3.1.1的模型, $L = 3$, 即 $\hat{\boldsymbol{y}} = \boldsymbol{H}^{(3)}$.
- 记 $\boldsymbol{Z}^{(i)} = \boldsymbol{H}^{(i-1)}\boldsymbol{W}^{(i-1)}$ ($i > 1$), 因此, 上面的 $\boldsymbol{H}^{(i)} = \sigma\left(\boldsymbol{H}^{(i-1)}\boldsymbol{W}^{(i-1)}\right) = \sigma\left(\boldsymbol{Z}^{(i)}\right)$.
- 记权重矩阵排序从形成第一个隐藏层 (第 2 层) 的权重 $\boldsymbol{W}^{(1)}$ 开始, 记为 $\{\boldsymbol{W}^{(i)}\}$, 最后一个权重为 $\{\boldsymbol{W}^{(L-1)}\}$. 在需要时 (比如当 $\{\boldsymbol{X}\}$ 有常数项时), 各个权重可以包括也称为偏差 (bias) 的截距项. $\boldsymbol{W}^{(i)}$ 的维数为 $n_i \times n_{i+1}$. 这里的 n_i 和 n_{i+1} 为该层和下一层

的节点数. 对于图3.1.1的模型, 有 $\boldsymbol{W}^{(1)}$ 的维数为 4×5, $\boldsymbol{W}^{(2)}$ 的维数为 5×1.

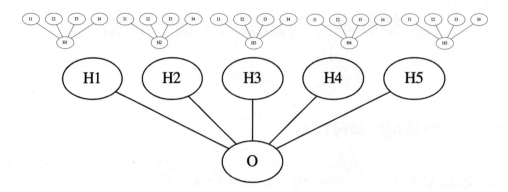

图 3.1.2   有一个隐藏层的神经网络为若干简单神经网络的组合

3.1.2 前向传播

考虑图3.1.1的有一个隐藏层的模型.

1. 从输入层到隐藏层的传播:

$$\boldsymbol{H}^{(2)} = \sigma\left(\boldsymbol{Z}^{(2)}\right) = \sigma\left(\boldsymbol{H}^{(1)}\boldsymbol{W}^{(1)}\right) = \sigma\left(\boldsymbol{X}\boldsymbol{W}^{(1)}\right).$$

2. 从隐藏层到输出层的传播:

$$\hat{\boldsymbol{y}} = \boldsymbol{H}^{(3)} = \sigma\left(\boldsymbol{Z}^{(3)}\right) = \sigma\left(\boldsymbol{H}^{(2)}\boldsymbol{W}^{(2)}\right).$$

因此, 从输入层到输出层的前向传播为:

$$\hat{\boldsymbol{y}} = \boldsymbol{H}^{(3)} = \sigma\left(\boldsymbol{Z}^{(3)}\right) = \sigma\left(\boldsymbol{H}^{(2)}\boldsymbol{W}^{(2)}\right) = \sigma\left[\sigma\left(\boldsymbol{Z}^{(2)}\right)\boldsymbol{W}^{(2)}\right] = \sigma\left[\sigma\left(\boldsymbol{X}\boldsymbol{W}^{(1)}\right)\boldsymbol{W}^{(2)}\right].$$
$$(3.1.1)$$

3.1.3 反向传播

这里需要一个损失函数, 假定为平方损失, 即 $C(\boldsymbol{y}, \hat{\boldsymbol{y}}) = \|\boldsymbol{y} - \hat{\boldsymbol{y}}\|^2$. 回顾对作为复合函数的损失函数对 $\boldsymbol{W}^{(2)}$ 和 $\boldsymbol{W}^{(1)}$ 分别做偏导数的链原理, 我们得到损失函数对各个阶段权重的导数 (梯度)(下面符号中的 $\dot{\sigma}(\boldsymbol{Z}) = \partial\sigma(\boldsymbol{Z})/\partial\boldsymbol{Z}$):

$$\nabla_2 = \frac{\partial C(\boldsymbol{y}, \hat{\boldsymbol{y}})}{\partial \boldsymbol{W}^{(2)}} = \frac{\partial C(\boldsymbol{y}, \hat{\boldsymbol{y}})}{\partial \hat{\boldsymbol{y}}}\frac{\partial \sigma\left(\boldsymbol{Z}^{(3)}\right)}{\partial \boldsymbol{Z}^{(3)}}\frac{\partial \boldsymbol{H}^{(2)}\boldsymbol{W}^{(2)}}{\partial \boldsymbol{W}^{(2)}} = -2\big(\boldsymbol{H}^{(2)}\big)^{\top}\left[(\boldsymbol{y} - \hat{\boldsymbol{y}}) \odot \dot{\sigma}(\boldsymbol{Z}^{(3)})\right];$$
$$(3.1.2)$$

$$\nabla_1 = \frac{\partial C(\boldsymbol{y}, \hat{\boldsymbol{y}})}{\partial \boldsymbol{W}^{(1)}} = \frac{\partial C(\boldsymbol{y}, \hat{\boldsymbol{y}})}{\partial \hat{\boldsymbol{y}}}\frac{\partial \sigma\left(\boldsymbol{Z}^{(3)}\right)}{\partial \boldsymbol{Z}^{(3)}}\frac{\partial \sigma\left(\boldsymbol{Z}^{(2)}\right)}{\partial \boldsymbol{Z}^{(2)}}\boldsymbol{W}^{(2)}\frac{\partial \boldsymbol{X}\boldsymbol{W}^{(1)}}{\partial \boldsymbol{W}^{(1)}}$$
$$= -2\boldsymbol{X}^{\top}\left(\left\{\left[(\boldsymbol{y} - \hat{\boldsymbol{y}}) \odot \dot{\sigma}(\boldsymbol{Z}^{(3)})\right](\boldsymbol{W}^{(2)})^{\top}\right\} \odot \dot{\sigma}\left(\boldsymbol{Z}^{(2)}\right)\right).$$
$$(3.1.3)$$

并据此进行权重修正:

$$W_{new}^{(2)} = W_{old}^{(2)} - \alpha \nabla_2;$$
$$W_{new}^{(1)} = W_{old}^{(1)} - \alpha \nabla_1.$$

(3.1.4)

3.1.4　用图3.1.1模型拟合例2.2

使用的代码为:

```
w=pd.read_csv('sim1.csv')
X=np.array(w.iloc[:,:-1])
y=np.array(w.y).reshape(-1,1)

import numpy as np
def Logit(x,d=False):
    if(d==True):
        return x*(1-x) #np.exp(-x)/(1+np.exp(-x))**2 #
    return 1/(1+np.exp(-x))
np.random.seed(1010)
w1 = np.random.random((X.shape[1],5))
w2 = np.random.random((5,1))
alpha=0.5
k=100 #最多迭代次数

for j in range(k):
    h2 = Logit(np.dot(X,w1),False)
    h3 = Logit(np.dot(h2,w2),False)
    D_2 = (y - h3) * Logit(h3,True)
    D_1 = D_2.dot(w2.T)* Logit(h2,True)
    w2 += alpha*h2.T.dot(D_2) #更新权重
    w1 += alpha*X.T.dot(D_1) #更新权重


#输出
def accu():
    yhat=[]
    for s in h3:
        if s>0.5: yhat.append(1)
        else: yhat.append(0)
    return (yhat,np.mean(yhat==y.flatten()))
yhat,r=accu()

print ("Output:\n{},\nprediction:\n{}\nOriginal y=\n{}\nAccuracy={}"\
    .format(h3.flatten(),yhat,y.flatten(),r))

print('weight1:\n{}\nweight2:\n{}'.format(w1,w2))
```

输出为:

```
Output:
[0.09562818 0.18986817 0.82152338 0.84768719 0.91867784 0.14995952],
prediction:
[0, 0, 1, 1, 1, 0]
Original y=
[0 0 1 1 1 0]
Accuracy=1.0
weight1:
[[ 0.74555764  1.66975572 -2.76268233  1.24777526  0.14562884]
 [ 0.40333156  0.58035333  0.13855447  0.38719456  0.50506732]
 [ 0.07124933 -0.67524595  1.19658132 -0.36684734  0.80652726]
 [-0.0188026  -0.12096203  1.04594047  0.19586857  0.27291965]]
weight2:
[[ 0.50401464]
 [ 1.78392559]
 [-3.6601109 ]
 [ 1.12294986]
 [-0.37629021]]
```

代码和公式的对照

这里的代码和2.2.4节及2.3节的很相似, 有些重复之处.

1. Logit(x,d=False) 给出 logistic 激活函数 $\sigma(x) = 1/(1+\mathrm{e}^{-x})$ 本身 (用于前向传播, 以 x 为变元) 及其导数 (用于反向传播, 以 $\sigma(x)$ 为变元). 注意变元的不同.

2. w1 = np.random.random((X.shape[1],5)) 为 $\boldsymbol{W}^{(1)}$ 的随机的初始权重.

3. w2 = np.random.random((5,1)) 为 $\boldsymbol{W}^{(2)}$ 的随机的初始权重.

4. alpha=0.5 为任意取的学习率.

5. k=100 为最多迭代次数 (任意取的).

6. h2 = Logit(np.dot(X,w1),False) 计算 $\boldsymbol{H}^{(2)} = \sigma\left(\boldsymbol{H}^{(1)}\boldsymbol{W}^{(1)}\right) = \sigma\left(\boldsymbol{X}\boldsymbol{W}^{(1)}\right)$.

7. h3 = Logit(np.dot(h2,w2),False) 计算 $\boldsymbol{H}^{(3)} = \sigma\left(\boldsymbol{H}^{(2)}\boldsymbol{W}^{(1)}\right)$.

8. D_2 = (y - h3) * Logit(h3,True) 计算 ∇_2 的 $(\boldsymbol{y}-\hat{\boldsymbol{y}})\odot\dot{\sigma}(\boldsymbol{Z}^{(3)})$ 部分, 之所以只计算这一部分, 是因为在求 ∇_1 时有这一因子的重复.

9. D_1 = D_2.dot(w2.T) * Logit(h2,True) 计算 ∇_1 的 $(\boldsymbol{y}-\hat{\boldsymbol{y}})\odot\dot{\sigma}(\boldsymbol{Z}^{(3)})(\boldsymbol{W}^{(2)})^{\top}\odot\dot{\sigma}(\boldsymbol{Z}^{(2)})$ 部分 (代码中利用了D_2 的结果).

10. w2 += alpha* h2.T.dot(D_2) 相当于 $\boldsymbol{W}^{(2)}_{new} = \boldsymbol{W}^{(2)}_{old} - \alpha\nabla_2$, 这里左乘 $(\boldsymbol{H}^{(2)})^{\top}$ 补齐了 ∇_2(注意负负得正及添加学习率 α 并忽略了因子 2).

11. w1 += alpha* X.T.dot(D_1) 相当于 $\boldsymbol{W}^{(1)}_{new} = \boldsymbol{W}^{(1)}_{old} - \alpha\nabla_1$, 这里左乘 $\boldsymbol{X}^{\top} = (\boldsymbol{H}^{(2)})^{\top}$ 补齐了 ∇_1(注意负负得正及添加学习率 α 并忽略了因子 2).

12. 函数 accu() 是根据 0.5 的阈值把输出转换成 0 和 1 的函数 (和2.3节相同).

3.1.5 一个隐藏层多分类神经网络例子

下面使用例2.2在2.3.2节转换成 3 分类后的数据做包含一个隐藏层的多分类神经网络.

```python
W=pd.read_csv("sim1.csv")
np.random.seed(313)
W['yy']=np.random.choice(3,6)
a=pd.get_dummies(W.yy)
Wa=pd.concat([W,a],axis=1)
Wa=Wa.rename(columns={0:'Y1',1:'Y2',2:'Y3'})

X=np.array(Wa.iloc[:,0:4])
Y=np.array(Wa.iloc[:,6:9])
```

```python
np.random.seed(1010)
w1 = np.random.random((X.shape[1],5))
w2 = np.random.random((5,3))

alpha=0.5
k=100
for j in range(k):
    h2 = Logit(np.dot(X,w1),False)
    h3 = Logit(np.dot(h2,w2),False)
    D_2 = (Y - h3)*Logit(h3,True)
    D_1 = D_2.dot(w2.T)*Logit(h2,True)
    w2 += alpha*np.dot(h2.T,D_2)
    w1 += alpha*np.dot(X.T,D_1)

import itertools
def accum():
    m=len(np.unique(W.yy))
    yyhat=[[] for i in range(m)]
    for i in range(m):
        for s in h3[:,i]:
            if s>0.5: yyhat[i].append(1)
            else: yyhat[i].append(0)
    fyyhat  = list(itertools.chain(*yyhat))
    fY=Y.flatten('F')
    return (yyhat, np.mean(fyyhat==fY))
yyhat,r=accum()

print ("Output:\n{},\nprediction:\n{}\nOriginal y=\n{}\nAccuracy={}"\
      .format(h3,yhat,y.flatten(),r))
print('weights1:\n{}, \nweights2:\n{}' .format(w1,w2))
```

```
[[0.75614456 0.09690127 0.23223276]
 [0.54960518 0.19700491 0.30246299]
 [0.34458496 0.64005955 0.1308454 ]
 [0.3457069  0.54576462 0.15584792]
 [0.48993619 0.43229208 0.15089308]
 [0.51435281 0.3225875  0.23195283]],
prediction:
[0, 0, 1, 1, 1, 0]
Original y=
[0 0 1 1 0]
Accuracy=0.8333333333333334
weights1:
[[ 2.21873874 -1.12915977 -0.19201711 -0.40418035 -0.01237604]
 [-0.8147079   0.46894596 -0.00883886 -0.13096948  0.80986514]
 [-0.0654039  -0.90697111  0.02165961 -0.84814236  0.66504486]
 [-0.38454926  1.61865293  0.98707608  1.05192598  0.08836427]],
weights2:
[[-0.70428713  1.96060734 -1.78276581]
 [ 1.75959454 -2.37793993  0.14122136]
 [ 0.22112236 -0.71379522 -0.71236329]
 [ 1.27224969 -0.96934249 -0.24395417]
 [-0.91697089 -0.53407779  0.09028417]]
```

3.2 多个隐藏层的神经网络

多个隐藏层的神经网络和只有一个隐藏层的神经网络从本质上没有什么区别, 下面的公式使用3.1.1节的符号系统. 我们还是考虑完全的神经网络, 而且假定每层使用相同的激活函数 (虽然不同层可能用不同的激活函数).

根据3.1.1节的符号系统, 如果有 L 层, 这包括了输入及输出层, 那么隐藏层的层数为 $L-2$, 和前面一样, 记 $\boldsymbol{H}^{(1)} = \boldsymbol{X}, \boldsymbol{H}^{(L)} = \hat{\boldsymbol{y}}$.

前向传播

前向传播公式为:

$$\boldsymbol{H}^{(i)} = \sigma^{(i)}\left(\boldsymbol{Z}^{(i)}\right) = \sigma^{(i)}\left(\boldsymbol{H}^{(i-1)}\boldsymbol{W}^{(i-1)}\right), i=2,3,\ldots,L. \tag{3.2.1}$$

反向传播

记损失函数为 $C(\hat{\boldsymbol{y}})$ (根据式 (3.2.1), 作为复合函数, 它也是 $\boldsymbol{W}^{(i)}$ $(i = L-1, L-2, \ldots, 1)$ 的函数); 记第 i 层 $(i = 2, 3, \ldots, L)$ 的激活函数为 $\sigma^{(i)}(\boldsymbol{Z}^{(i)})$. 使用下面的偏导数记号:

$$
\begin{aligned}
\dot{C} &= \frac{\partial C(\hat{\boldsymbol{y}})}{\partial \hat{\boldsymbol{y}}}; \\
\dot{\sigma}^{(i)} &= \frac{\partial \sigma^{(i)}(\boldsymbol{Z}^{(i)})}{\partial \boldsymbol{Z}^{(i)}}.
\end{aligned}
\tag{3.2.2}
$$

关于公式中矩阵的维数, 如前面的记号 n_ℓ $(\ell = 1, 2, \ldots, L)$ 为各层的节点数目, 则有:

$$
\underset{N \times K}{\boldsymbol{H}^1} = \underset{N \times K}{\boldsymbol{X}} \ ; \ \underset{N \times M}{\boldsymbol{H}^L} = \underset{N \times M}{\hat{\boldsymbol{y}}} \ ; \ \underset{N \times n_i}{\boldsymbol{H}^{(i)}} \ ; \ \underset{n_i \times n_{i+1}}{\boldsymbol{W}^{(i)}} \ ; \ \underset{N \times n_i}{\boldsymbol{Z}^{(i)}} = \underset{N \times n_{i-1}}{\boldsymbol{H}^{(i-1)}} \underset{n_{i-1} \times n_i}{\boldsymbol{W}^{(i-1)}} \ ; \ \underset{N \times M}{\dot{C}} \ ; \ \underset{N \times n_i}{\dot{\sigma}^{(i)}} \ . \tag{3.2.3}
$$

梯度的递推公式

根据复合函数导数的链原理来求各层的梯度 (注意 $n_1 = K, n_L = M$), 先求几个偏导数:

$$
\underset{n_{L-1} \times n_L}{\nabla_{L-1}} = \frac{\partial C(\hat{\boldsymbol{y}})}{\partial \boldsymbol{W}^{(L-1)}} = \frac{\partial C(\hat{\boldsymbol{y}})}{\partial \hat{\boldsymbol{y}}} \frac{\partial \sigma^{(L)}(\boldsymbol{Z}^{(L)})}{\partial \boldsymbol{Z}^{(L)}} \frac{\partial \boldsymbol{Z}^{(L)}}{\partial \boldsymbol{W}^{(L-1)}} = \underset{n_{L-1} \times N}{(\boldsymbol{H}^{(L-1)})^\top} (\underset{N \times n_L}{\dot{C}} \odot \underset{N \times n_L}{\dot{\sigma}^{(L)}}); \tag{3.2.4}
$$

$$
\begin{aligned}
\underset{n_{L-2} \times n_{L-1}}{\nabla_{L-2}} &= \frac{\partial C(\hat{\boldsymbol{y}})}{\partial \boldsymbol{W}^{(L-2)}} = \frac{\partial C(\hat{\boldsymbol{y}})}{\partial \hat{\boldsymbol{y}}} \frac{\partial \sigma^{(L)}(\boldsymbol{Z}^{(L)})}{\partial \boldsymbol{Z}^{(L)}} \frac{\partial \boldsymbol{Z}^{(L)}}{\partial \boldsymbol{W}^{(L-2)}} \\
&= \underset{n_{L-2} \times N}{(\boldsymbol{H}^{(L-2)})^\top} \left\{ \left[(\underset{N \times n_L}{\dot{C}} \odot \underset{N \times n_L}{\dot{\sigma}^{(L)}})(\underset{n_L \times n_{L-1}}{\boldsymbol{W}^{(L-1)}})^\top \right] \odot \underset{N \times n_{L-1}}{\dot{\sigma}^{(L-1)}} \right\};
\end{aligned}
\tag{3.2.5}
$$

$$
\begin{aligned}
\underset{n_{L-3} \times n_{L-2}}{\nabla_{L-3}} &= \frac{\partial C(\hat{\boldsymbol{y}})}{\partial \boldsymbol{W}^{(L-3)}} = \frac{\partial C(\hat{\boldsymbol{y}})}{\partial \hat{\boldsymbol{y}}} \frac{\partial \sigma^{(L)}(\boldsymbol{Z}^{(L)})}{\partial \boldsymbol{Z}^{(L)}} \frac{\partial \boldsymbol{Z}^{(L)}}{\partial \boldsymbol{W}^{(L-3)}} \\
&= \underset{n_{L-3} \times N}{(\boldsymbol{H}^{(L-3)})^\top} \left[\left(\left\{ \left[(\underset{N \times n_L}{\dot{C}} \odot \underset{N \times n_L}{\dot{\sigma}^{(L)}})(\underset{n_L \times n_{L-1}}{\boldsymbol{W}^{(L-1)}})^\top \right] \odot \underset{N \times n_{L-1}}{\dot{\sigma}^{(L-1)}} \right\} (\underset{n_{L-1} \times n_{L-2}}{\boldsymbol{W}^{(L-2)}})^\top \right) \odot \underset{N \times n_{L-2}}{\dot{\sigma}^{(L-2)}} \right].
\end{aligned}
\tag{3.2.6}
$$

由式 (3.2.4) 至式 (3.2.6), 完全可以看出规律. 如果记:

$$
\begin{aligned}
\underset{N \times n_L}{\boldsymbol{D}_L} &= \dot{C} \odot \dot{\sigma}^{(L)}; \\
\underset{N \times n_{L-1}}{\boldsymbol{D}_{L-1}} &= \left(\dot{C} \odot \dot{\sigma}^{(L)} \right)(\boldsymbol{W}^{(L-1)})^\top \dot{\sigma}^{(L-1)} = \left[\boldsymbol{D}_L(\boldsymbol{W}^{(L-1)})^\top \right] \odot \dot{\sigma}^{(L-1)}; \\
&\cdots\cdots\cdots\cdots \\
\underset{N \times n_2}{\boldsymbol{D}_2} &= \left[\boldsymbol{D}_2(\boldsymbol{W}^{(2)})^\top \right] \odot \dot{\sigma}^{(2)},
\end{aligned}
$$

或者为:

$$
\underset{N \times n_i}{\boldsymbol{D}_i} = \left[\boldsymbol{D}_{i+1}(\boldsymbol{W}^{(i)})^\top \right] \odot \dot{\sigma}^{(i)}, \ i = 2, 3, \ldots, L, \tag{3.2.7}
$$

则有各层梯度的表达式:

$$\nabla_{L-1}_{\,n_{L-1}\times n_L} = (\boldsymbol{H}^{(L-1)})^\top \boldsymbol{D}_L;$$

$$\nabla_{L-2}_{\,n_{L-2}\times n_{L-1}} = (\boldsymbol{H}^{(L-2)})^\top \boldsymbol{D}_{L-1};$$

$$\cdots\cdots\cdots$$

$$\nabla_1_{\,n_1\times n_2} = (\boldsymbol{H}^{(1)})^\top \boldsymbol{D}_2 = \boldsymbol{X}^\top \boldsymbol{D}_2.$$

或者为:

$$\nabla_i_{\,n_i\times n_{i+1}} = (\boldsymbol{H}^{(i)})^\top \boldsymbol{D}_{i+1}, \quad i = 1, 2, \ldots, L-1. \tag{3.2.8}$$

而相应的权重调整为:

$$\boldsymbol{W}^{(i)}_{\,n_i\times n_{i+1}} \Leftarrow \boldsymbol{W}^{(i)}_{\,n_i\times n_{i+1}} - \nabla_i_{\,n_i\times n_{i+1}} = \boldsymbol{W}^{(i)} - (\boldsymbol{H}^{(i)})^\top \boldsymbol{D}_{i+1}, \quad i = 1, 2, \ldots, L-1. \tag{3.2.9}$$

> **注意**
>
> 上面的公式是用标准的矩阵符号和矩阵运算次序写的, 前面的程序代码也是按照这种矩阵运算编写的. 实际上, 在计算机中被称为**张量 (tensor)** 的高维数组的运算并不一定要按照上面公式括号所界定的次序计算. 由于在神经网络中面对很多高维数组, 张量的名词也就变得很常用. 在各个深度学习软件中, `tensor` 是一个保留术语, 也就是说, 避免使用这个词来定义自己程序中的对象.

迭代公式 (3.2.7) 和公式 (3.2.8) 的重要意义

　　显然, 反向传播是微积分中的链原理的一个时髦说法. 神经网络就像一个复合函数, 在前向传播中, 每一层都是前面一层的函数, 而在反向传播中, 我们利用复合函数导数的链原理, 把来自误差的调整信息通过梯度一层一层地传递回去, 以修正相应于各层的权重.

　　由于迭代公式 (3.2.7) 和公式 (3.2.8) 用不着从头到尾计算每一个梯度, 这免去了很多重复计算, 通过迭代, 每一个梯度的计算都变得很简单. 在各种实际应用程序中, 只要在前向传播中计算有关的部分, 并存在各个层中, 反向传播就可以很快地计算出来. 事实上, 深度学习的程序包都是这样做的.

3.3　通过 PyTorch 实现神经网络初等计算

　　下面介绍通过程序包 PyTorch 实现神经网络计算. 这里不详细解释 PyTorch 的全面语法细节, 但会对给出的代码予以充分的说明.

3.3.1 PyTorch 和 NumPy 的相似性

在 PyTorch 中 (在 `import torch` 之后), 可找到和 NumPy (在 `import numpy as np` 之后) 的许多相似之处, 下面是几个矩阵运算例子. 这里假定下面的 torch 对象为 tensor, 而 numpy 的对象为 `np.array`.

- 产生标准正态随机数组: PyTorch 用代码 `torch.randn(2,3)`, 而 NumPy 用代码 `np.random.randn(2,3)`.
- 矩阵相乘: PyTorch `torch.tensor` 矩阵 A1 和 B1 矩阵相乘为 `A1.mm(B1)` 或者 `A1 @ B1`, 而 NumPy `np.array` 矩阵 A 和 B 相乘为 `A.dot(B)`.
- 矩阵的转置: `torch.tensor` 矩阵 A1 的转置为 `A1.t()`, 而 `np.array` 矩阵 A 的转置为 `A.T`.
- 逐个元素的幂: `torch.tensor` 矩阵 A1 的 a 次幂为 `A1.pow(a)`, 而 `np.array` 矩阵 A 的 a 次幂为 `A**a`.
- 在 PyTorch 中关于元素对元素相乘 ("`*`")、张量 (数组) 维度 ("`.shape`") 等大量代码几乎和 NumPy 毫无区别.

例2.2的两种代码对照

学习语言的最好途径是实践, 下面把对例2.2数据分类的 NumPy 代码与 PyTorch 代码做一对照. 首先, 前面的函数 `Logit()` 和 `acvcu()` 保持不变, 把 `np.array` 数据 X 和 y 的类型改成 `torch.float32` 的 X1 和 y1:

```
w=pd.read_csv('sim1.csv')

X=np.array(w.iloc[:,:-1])
y=np.array(w.y).reshape(-1,1)

X1=torch.from_numpy(X).type(torch.FloatTensor)
y1=torch.from_numpy(y).type(torch.FloatTensor)

def Logit(x,d=False):
    if(d==True):
        return x*(1-x) #np.exp(-x)/(1+np.exp(-x))**2 #
    return 1/(1+np.exp(-x))

def accu():
    yhat=[]
    for s in h3:
        if s>0.5: yhat.append(1)
        else: yhat.append(0)
    return (yhat,np.mean(yhat==y.flatten()))
```

两种程序的代码几乎完全一样, 以下左边是 NumPy, 右边是 PyTorch:

```
import numpy as np
w1 = np.random.random((X.shape[1],5))
w2 = np.random.random((5,1))
alpha=0.5
k=100

for j in range(k):
    h2 = Logit(np.dot(X,w1),False)
    h3 = Logit(np.dot(h2,w2),False)
    D_2 = (y - h3) * Logit(h3,True)
    D_1 = D_2.dot(w2.T)* Logit(h2,True)
    w2 += alpha*h2.T.dot(D_2)
    w1 += alpha*X.T.dot(D_1)
yhat,r=accu()

print("\nprediction:\n{}\
\nOriginal y=\n{}\nAccuracy={}"\
.format(yhat,y.flatten(),r))
```

```
import torch; device=torch.device("cpu")
w1 = torch.randn(X1.shape[1],5)
w2 = torch.randn(5,1)
alpha=0.5
k=100

for j in range(k):
    h2 = Logit(X1.mm(w1),False)
    h3 = Logit(h2.mm(w2),False)
    D_2 = (y1 - h3) * Logit(h3,True)
    D_1 = D_2.mm(w2.t())* Logit(h2,True)
    w2 += alpha*h2.t().mm(D_2)
    w1 += alpha*X1.t().mm(D_1)
yhat,r=accu()

print("\nprediction:\n{}\
\nOriginal y=\n{}\nAccuracy={}"\
.format(yhat,y1.flatten(),r))
```

输出也完全类似, 以下左边是 NumPy, 右边是 PyTorch:

```
prediction:
[0, 0, 1, 1, 1, 0]
Original y=
[0 0 1 1 1 0]
Accuracy=1.0
```

```
prediction:
[0, 0, 1, 1, 1, 0]
Original y=
tensor([0., 0., 1., 1., 1., 0.])
Accuracy=1.0
```

3.3.2 PyTorch 作为深度学习软件的独特性

利用 PyTorch 自带的激活函数

如果使用 PyTorch 仅仅是实现 NumPy 可以实现的功能, 那 PyTorch 就没有存在的必要了. 在以上示例中, 我们必须一步一步地实现神经网络的前向传播和反向传播, 对于小型的两三层网络而言, 手动实施反向传播并不是什么大问题, 但处理有很多层的复杂神经网络则很麻烦.

在 PyTorch 中有自动微分功能来自动计算神经网络中的反向传播. PyTorch 中的自动微分函数 autograd 提供了此功能. 使用 autograd 时, 网络的正向传播将定义一个节点为张量的计算图 (虽然是抽象的, 但简单情况也可以想象到), 图的边 (也就是计算图中节点之间的连线) 为从输入张量产生输出张量的函数. 然后通过该图进行反向传播, 可以轻松计算梯度.

在实践中, 每个张量代表计算图中的一个节点. 如果 x 是一个张量, 而且具有如下标明的性质: x.requires_grad=True, 则 x.grad 是另一个张量, 它保存有 x 相对于某个标量值的梯度.

下面就是上面关于例2.2的程序, 由于 torch 包含有和 Logit() 类似的函数, 名称为 torch.sigmond(), 就不自己定义了, 但如果要用自己的函数的话, 一定要以 torch 可以接受的形式来定义:

```
w1 = torch.randn(X1.shape[1],5, device=device, dtype=None, requires_grad=True)
w2 = torch.randn(5, 1, device=device, dtype=None, requires_grad=True)

learning_rate = 0.5
for t in range(100):
    y_pred = torch.sigmoid(torch.sigmoid(X1.mm(w1)).mm(w2))
    loss = (y_pred - y1).pow(2).sum()
    loss.backward()
    with torch.no_grad():
        w1 -= learning_rate * w1.grad
        w2 -= learning_rate * w2.grad

        w1.grad.zero_()
        w2.grad.zero_()
print(y_pred)
print(torch.round(y_pred).type(torch.int).flatten())
```

输出为:

```
tensor([[0.0521],
        [0.0616],
        [0.9275],
        [0.9349],
        [0.9603],
        [0.0492]], grad_fn=<SigmoidBackward>)
tensor([0, 0, 1, 1, 1, 0], dtype=torch.int32)
```

代码解释为:

- y_pred = torch.sigmoid(torch.sigmoid(X1.mm(w1)).mm(w2)) 相应于前向传播公式的 $\hat{\boldsymbol{y}} = \sigma\left[\sigma\left(\boldsymbol{X}\boldsymbol{W}^{(1)}\right)\boldsymbol{W}^{(2)}\right]$.
- loss = (y_pred - y1).pow(2).sum() 就是 $\|\hat{\boldsymbol{y}} - \boldsymbol{y}\|^2$.
- 用 loss.backward() 之后, 使用 autograd 计算反向传播, 在计算过程中调用函数 loss.backward() 将计算所有标以 require_grad = True 的张量关于损失的梯度 (偏导数). 在此调用之后, w1.grad 和 w2.grad 将成为分别保持 loss 相对于 w1 和 w2 的梯度的张量.
- torch.no_grad(): 在这种模式下, 即使已输入 "requires_grad = True", 每次计算的结果将具有 "requires_grad = False" 的效果. 这里使用梯度下降手动更新权重. 使用 torch.no_grad() 是因权重具有 require_grad = True, 但是我们并不需要在 autograd 中对其进行跟踪. 另一种方法是对 weight.data 和 weight.grad.data 进行操作. 注意 tensor.data 提供的张量与 tensor 共享存储, 但不跟踪历史记录. 也可以使用 torch.optim.SGD 来实现这一点.
- 在更新权重后手动将梯度归零 (如 w2.grad.zero_()).
- 使得一个变量 requires_grad = True 或者可以在定义时说明, 或者在定义以后说明, 比如下面两段代码有等价的功能:

```
torch.randn(10, requires_grad=True)
torch.randn(10).requires_grad_()
```

- 每步的预测不仅有数值, 还包含了梯度函数信息: grad_fn=<SigmoidBackward>, 这是用于反向传播的.

自定义有 autograd 功能的激活函数

能不能使自己定义的函数也有 autograd 功能呢? 下面就把前面自定义的 Logit() 函数转换成有 autograd 功能的函数, 只要把它定义为 torch.autograd.Function 的子类就可以了. 下面是例2.2神经网络拟合的再一次重复:

```
import torch

class Mysigmond(torch.autograd.Function):
    @staticmethod
    def forward(ctx, input):
        ctx.save_for_backward(input)
        return Logit(input, False)

    @staticmethod
    def backward(ctx, grad_output):
        input, = ctx.saved_tensors
        grad_input = grad_output.clone()
        return grad_input

dtype = torch.float
device = torch.device("cpu")
w1 = torch.randn(X1.shape[1], 5, device=device, dtype=dtype, requires_grad=True)
w2 = torch.randn(5, 1, device=device, dtype=dtype, requires_grad=True)

learning_rate = 0.5
for t in range(50):
    sig = Mysigmond.apply
    y_pred = sig(sig(X1.mm(w1)).mm(w2))
    loss = (y_pred - y1).pow(2).sum()
    loss.backward()
    with torch.no_grad():
        w1 -= learning_rate * w1.grad
        w2 -= learning_rate * w2.grad
        w1.grad.zero_()
        w2.grad.zero_()
print(y_pred)
print(torch.round(y_pred).type(torch.int).flatten())
```

输出为:

```
tensor([[0.0058],
        [0.0064],
        [0.9957],
        [0.9945],
```

```
        [0.9993],
        [0.0064]], grad_fn=<MysigmondBackward>)
tensor([0, 0, 1, 1, 1, 0], dtype=torch.int32)
```

下面是对代码的一些解释:

1. 作为子类, 可以通过继承 `torch.autograd.Function` 并实现在 Tensor 上前向和反向传播的具有 autograd 功能的自定义函数.

2. Python 关于子类程序中的 `@staticmethod` 和 `@classmethod` 非常相似, 但是在用法上还是有一点差异: `@classmethod` 必须以对类对象的引用作为第一个参数, 而 `@staticmethod` 没有这个限制, 甚至可以没有参数.

3. 在 `forward` 中, 我们收到包含 input 的 Tensor, 并返回包含 output 的 Tensor. `ctx` 是一个上下文对象, 可用于存储信息以进行反向计算. 可以缓存用于反向传播的任意对象, 为此可使用代码 `ctx.save_for_backward`.

4. 在 `backward` 中, 我们收到包含关于 output 的 loss 的梯度的 Tensor, 并需要计算关于 input 的 loss 的梯度.

5. 要应用我们的 Mysigmond 函数, 可以使用 Mysigmond.apply 方法, 我们把该函数起个别名为 "sig".

第三部分

深度学习的 PyTorch 实现

第 4 章　神经网络的 PyTorch 逐步深化

我们已经介绍了神经网络的基本内容, 但有很多需要人们手工调整和操心的细节, 对于简单的神经网络这并不是大问题, 但对于复杂的神经网络, 更加自动化的程序是很必要的. 本章通过例子来逐步介绍 PyTorch 程序的自动化过程.

4.1　简单的人造数据回归

本节在3.3.2节对 PyTorch 的认识基础上, 进一步开拓 PyTorch 的功能. 下面模拟一个余弦数据, 利用3.3.2节的类似程序做简单的两个隐藏层的神经网络回归.

例 4.1 (cosdf.csv) 该数据为一段加了随机干扰的余弦曲线. 自变量为在区间 $[-6, 6]$ 包含 1000 个数目的等距数列, 另外还包含了一列常数 1, 因变量为自变量的余弦加上标准正态的干扰. 读入该数据并转换成 `tensor` 形式的代码为 (由于我们的程序基于矩阵运算, 因此张量都定义成两维的):

```
import pandas as pd
import numpy as np
df=pd.read_csv('cosdf.csv', sep=',',header=None)

x=np.array(df.iloc[:,:-1])
y=np.array(df.iloc[:,-1])
x=torch.from_numpy(x).type(torch.FloatTensor)
y=torch.from_numpy(y.reshape(-1,1)).type(torch.FloatTensor)
```

4.1.1　基于3.3.2节的拟合代码

基于3.3.2节的拟合代码, 例4.1的神经网络回归程序为:

```
import torch
from torch import autograd, nn
lrelu = nn.LeakyReLU()

dtype = torch.float
device = torch.device("cpu")

N, D_in=x.shape  #N是样本量, D_in 是自变量维数
H1=200 #第1个隐藏层节点个数
H2=100 #第2个隐藏层节点个数
D_out=1 #因变量的维数
```

```
w1 = torch.randn(D_in, H1, device=device, dtype=dtype, requires_grad=True)
w2 = torch.randn(H1, H2, device=device, dtype=dtype, requires_grad=True)
w3 = torch.randn(H2, D_out, device=device, dtype=dtype, requires_grad=True)

learning_rate = 1e-7
for t in range(10000):
    y_pred = lrelu(torch.sigmoid(x.mm(w1)).mm(w2)).mm(w3)
    loss = (y_pred - y).pow(2).sum()
    loss.backward()
    with torch.no_grad():
        w1 -= learning_rate * w1.grad
        w2 -= learning_rate * w2.grad
        w3 -= learning_rate * w3.grad

        # 更新权重后手工把梯度置0
        w1.grad.zero_()
        w2.grad.zero_()
        w3.grad.zero_()
```

得到的结果可以和原来的数据点出图来 (见图4.1.1).

```
import matplotlib.pyplot as plt
%matplotlib inline
plt.figure(figsize=(20,7))
plt.scatter(x.data[:,1].numpy(),y.data.numpy())
plt.plot(x.data[:,1].numpy(),y_pred.data.numpy(),'r',linewidth=10)
```

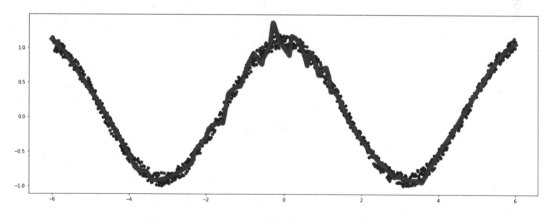

图 4.1.1　例4.1的原数据散点图及拟合曲线图

上面的神经网络程序和3.3.2节的几乎完全相同, 但也有一些不同:

1. 这里有两个隐藏层, 头两个隐藏层使用两个不同的激活函数, 而输出层没有激活函数 (就是简单的线性组合).
2. 前向传播 y_pred = lrelu(torch.sigmoid(x.mm(w1)).mm(w2)).mm(w3) 的公式为 $\hat{\boldsymbol{y}} = \sigma^{(2)}\left[\sigma^{(1)}\left(\boldsymbol{X}\boldsymbol{W}^{(1)}\right)\boldsymbol{W}^{(2)}\right]\boldsymbol{W}^{(3)}$, 其中, $\sigma^{(1)}()$ 是我们熟悉的 S 型激活函数, 而 $\sigma^{(2)}()$ 是激活函数 LeakyReLU. 它是 ReLU (Rectified Linear Unit) 函数 $f(x) =$

$\max(0, x)$ 的扩展, 定义为 (这里 α 是一个诸如 0.01 的小常数):

$$f(x) = \begin{cases} \alpha x, & x < 0, \\ x, & x \geqslant 0. \end{cases}$$

该函数引用了现成的固有函数 `lrelu = nn.LeakyReLU()`。

若干改进的余地

上述代码有很多不方便的地方, 比如:

- 前向传播必须写出 `lrelu(torch.sigmoid(x.mm(w1)).mm(w2)).mm(w3)` 这样的公式. 这种 "线性组合 $\Rightarrow$ 激活函数 $\Rightarrow$ 线性组合 $\Rightarrow$ 激活函数 $\Rightarrow$ 线性组合" 的模型能不能以更加方便及可以再使用的方式表示呢?
- 必须逐个定义线性组合部分的权重函数, 并且在每次训练之后逐个更新, 这能不能简化一些呢?
- 损失函数也是以公式形式给出, 有没有更加方便的方式来给出各种损失函数呢?
- 在权重标明 `requires_grad=True` 省了我们为反向传播计算偏导数的部分, 但在更新权重时显然采取了梯度下降法. 能不能用更好的方法 (比如优于梯度下降法的改进型) 来做优化呢? 能不能更加精确地调整这些优化方法呢?

4.1.2 改进 PyTorch 神经网络模型

改进模型描述

首先, 我们把模型 $\hat{\boldsymbol{y}} = \sigma^{(2)} \left[\sigma^{(1)} \left(\boldsymbol{X} \boldsymbol{W}^{(1)} \right) \boldsymbol{W}^{(2)} \right] \boldsymbol{W}^{(3)}$ 的描述分层写成下面的形式:

```
model = torch.nn.Sequential(
    torch.nn.Linear(D_in, H1),
    torch.nn.Sigmoid(),
    torch.nn.Linear(H1, H2),
    torch.nn.LeakyReLU(),
    torch.nn.Linear(H2, D_out)
).to(device)
```

其中:

1. `Sequential` 是一个序贯形式的构造容器. 各种模块将按照顺序添加进来. 这个容器也可以写成有序字典形式:

   ```
   from collections import OrderedDict
   model = nn.Sequential(OrderedDict([
           ('linear1', torch.nn.Linear(D_in, H1)),
           ('sigmoid', torch.nn.Sigmoid()),
           ('linear2', torch.nn.Linear(H1, H2)),
           ('leakyrelu', torch.nn.LeakyReLU()),
           ('linear3', torch.nn.Linear(H2, D_out))
   ```

```
           ]))
```

2. 其中的 Linear() 就是线性组合, 要标明输入输出的维数. 由于里面包含了常数项, 我们输入的数据就没有常数项了, 也省去了定义权重和更新权重的繁琐而又容易出错的重复性语句.

3. 其中的 Sigmoid() 和 LeakyReLU() 分别代表 S 型和 **LeakyReLU** 激活函数 (因为输入输出的维数不变, 这里不用表示).

改进损失函数的确定

这里选择了和前面公式一样的均方误差损失函数 MSELoss(reduction='sum'). 如果没有代码中的 reduction='sum', 则输出一个残差平方的向量. 在 PyTorch 中有十几种现成的损失函数, 用于不同目的, 有些定义比较复杂.

确定优化方法

前面程序使用的是梯度下降法, 这可以用代码 torch.optim.SGD() 来确定, 梯度下降法的根据是损失函数关于权重模型参数的梯度. 它是整个训练数据集累积损失均方误差. 因此, 权重在每个循环更新一次以达到损失最小, 但很费时. 梯度下降法函数有下面变元:

- params (可迭代的): 填入参数群 (可为字典形式), 也就是要更新的张量.
- lr (浮点型): 学习率.
- momentum (浮点型, 可以不填): 动量, 默认值为 0, 它用来帮助梯度下降法陷入局部极值之中.
- weight_decay (浮点型, 可以不填): 关于 (L2 惩罚) 权重的衰减, 默认值为 0.
- dampening (浮点型, 可以不填): 对于 momentum 的阻尼, 默认值为 0.
- nesterov (布尔型, 可以不填): 启用 Nesterov 动量, 默认值为 False.

我们下面选择的优化方法 torch.optim.Adam() 为 Adam (Adaptive Momemt Estimation), Adam 有两个技巧, 一个是上面提到的 momentum, 另一个是为每个参数自适应地选择一个单独的学习率. 通常, 收到较小或较不频繁更新的参数在 Adam 中会接收较大的更新. 在学习率因参数而异的情况下, 这可以加快学习速度. 由于学习率是自动调整的, 因此手动调整变得不那么重要. 在使用标准 SGD 时, 需要仔细调整 (甚至可能需要在线调整) 学习率, 但是对于 Adam 和相关方法而言, 就不需要这样了. 当然 Adam 仍然需要选择超参数, 但是性能对超参数比对 SGD 学习速率的敏感性要低. Adam 方法函数的变元为:

- params (可迭代的): 填入参数群 (可为字典形式), 也就是要更新的张量.
- lr (浮点型): 学习率, 默认值为 1e-3.
- betas (Tuple[float, float], 可以不填): 用于计算梯度及其平方的移动平均值的系数, 默认值为 (0.9, 0.999).
- eps (浮点型, 可以不填): 分母中添加的项以提高数值稳定性, 默认值为 1e-8.
- weight_decay (浮点型, 可以不填): 关于 (L2 惩罚) 权重的衰减, 默认值为 0.
- amsgrad (布尔型, 可以不填): 是否使用方法 AMSGrad (Adam 方法的一种变体) 默认值为 False.

改进的程序

下面拟合例4.1数据模型并输出拟合曲线图 (见图4.1.2). 首先, 我们不需要自变量的常数项, 因此输入数据的代码为:

```
df=pd.read_csv('cosdf.csv', sep=',',header=None)

x=np.array(df.iloc[:,1])
y=np.array(df.iloc[:,-1])
x=torch.from_numpy(x).type(torch.FloatTensor).unsqueeze(1)
y=torch.from_numpy(y.reshape(-1,1)).type(torch.FloatTensor)
```

改进后的神经网络代码为:

```
import torch
device = torch.device('cpu')

N, D_in=x.shape
H1=200
H2=100
D_out=1

model = torch.nn.Sequential(
    torch.nn.Linear(D_in, H1),
    torch.nn.Sigmoid(),
    torch.nn.Linear(H1, H2),
    torch.nn.LeakyReLU(),
    torch.nn.Linear(H2, D_out)
).to(device)

learning_rate = 0.05 #学习率
optimizer = torch.optim.Adam(model.parameters(), lr=learning_rate)
loss_fn = torch.nn.MSELoss(reduction='sum')#选择损失函数

for t in range(2000):
    y_pred = model(x)
    loss = loss_fn(y_pred, y)
    optimizer.zero_grad()     # 清除梯度为下一次做准备
    loss.backward()           # 反向传播计算梯度
    optimizer.step()          # 应用梯度更新参数
```

得到的结果可以与原来数据点出图来 (见图4.1.2).

```
import matplotlib.pyplot as plt
%matplotlib inline
```

```
plt.figure(figsize=(20,7))
plt.scatter(x.data.numpy(),y.data.numpy())
plt.plot(x.data.numpy(),y_pred.data.numpy(),'r',linewidth=10)
```

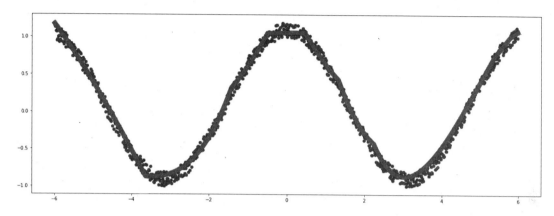

图 4.1.2　例4.1的原数据散点图及改进模型的拟合曲线图

除了前面介绍的之外, 关于程序还有一点说明:

1. `optimizer.zero_grad()`: 在反向传播之前, 使用优化程序将要更新的变量的所有梯度都归零. 这是因为默认情况下, 每当调用 `.backward()` 时, 梯度都会累积在缓冲区中 (不会被覆盖).
2. `loss.backward()`: 前面已经介绍过, 这是计算损失关于模型参数的梯度.
3. `optimizer.step()`: 在优化器上调用 **step** 函数对其参数进行更新.

4.1.3　自定义模型

有时, 人们需要指定比一系列现有模块更复杂的模型 (不是我们的例子), 可以定义自己的模块作为 `nn.Module` 的子类, 并定义一个具有 `Tensor` 输入和输出的前向传播, 定义时可使用其他模块或其他对 `Tensor` 的 `autograd` 运算. 下面自定义的模型还是重复前面的计算过程, 使用前面输入的数据形式.

```
import torch

class CosModel(torch.nn.Module):
    def __init__(self, D_in, H1, H2, D_out):
        super(CosModel, self).__init__()
        self.l1 = torch.nn.Linear(D_in, H1)
        self.sigmoid = torch.nn.Sigmoid()
        self.l2=torch.nn.Linear(H1, H2)
        self.lrelu = torch.nn.LeakyReLU()
        self.l3=torch.nn.Linear(H2, D_out)

    def forward(self, x):
```

```
        h=self.lrelu(self.l2(self.sigmoid(self.l1(x))))
        y_pred=self.l3(h)
        return y_pred
```

上面自定义的模型是所有神经网络模块基类的 nn.Module 的子类, 继承了 nn.Module 的所有功能. 要了解 Python 超级功能, 必须了解 Python 继承. 在 Python 继承中, 子类从超类继承。

　　Python 的 super() 函数允许我们隐式引用超类 (superclass), 这使我们的任务更加轻松和方便. 从子类中引用超类时, 不需要显式地编写超类的名称.

　　下面使用自定义的模型来拟合例4.1数据 (拟合图和前面类似, 这里不展示).

```
model = CosModel(x.shape[1], 200, 100, 1)

criterion = torch.nn.MSELoss(reduction='sum')
optimizer = torch.optim.Adam(model.parameters(), lr=0.001)
for t in range(500):
    y_pred = model(x)
    loss = criterion(y_pred, y)
    optimizer.zero_grad()
    loss.backward()
    optimizer.step()
```

4.2　MNIST 手写数字数据神经网络案例

例 4.2 下面提供 3 种形式数据文件 (5 个文件), 除了第一个 (第一行) 之外分别为 2 个文件 (第三行) 一组和 4 个文件一组 (最后两行):

```
mnist.pkl
MNIST_images.csv, MNIST_labels.csv
train-images-idx3-ubyte.gz, train-labels-idx1-ubyte.gz
t10k-images-idx3-ubyte.gz, t10k-labels-idx1-ubyte.gz
```

　　MNIST 数据库[1]为包含了手写数字数据的一个大型库, 被广泛用于训练各种图像处理系统. 它是通过重新混合 NIST 原始数据集的样本而创建的, 对来自 NIST 的黑白图像进行了标准化处理, 以适合 28×28 像素的边界框, 并进行抗锯齿处理, 从而引入了灰度等级. MNIST 手写数字数据库包含 60000 张训练图像和 10000 张测试图像. 该数据有很多下载方式, 也有很多不同形式的数据文件. 数据中的每个观测值的自变量都有 $28 \times 28 = 784$ 个值, 代表各个像素的深浅, 每个观测值的因变量 (label) 为该观测值相应的真实数字. 人们的目的就是要建模来通过自变量预测因变量的值, 因此这是个分类问题.

　　数据可以直接从网上下载[2]. 当然, 也可以从本地数据集读取, 比如:

---

[1]Modified National Institute of Standards and Technology database.

[2]可下载该数据的网页包括http://yann.lecun.com/exdb/mnist/, http://deeplearning.net/data/mnist/, https://www.kaggle.com/ngbolin/mnist-dataset-digit-recognizer等.

- 对 `mnist.pkl`, 可用下面代码得到已经分成训练集和测试集 (分别为自变量和因变量) 的 4 个数据集:

```
import pickle
with open("mnist.pkl", 'rb') as f:
    ((x_train, y_train), (x_valid, y_valid), _) = pickle.load(f,
        encoding="latin-1")
```

- 如果直接从 csv 文件读取, 则可以用下面的代码得到 4 个数据集 (这里训练集和测试集是随机分的):

```
import pandas as pd
df_label=pd.read_csv('MNIST_labels.csv', header=None)
df_features=pd.read_csv('MNIST_images.csv', header=None)

from sklearn.model_selection import train_test_split
X_train, X_cv, y_train, y_cv = train_test_split(df_features,
    df_label, test_size = 1/6, random_state = 1010)
```

4.2.1 熟悉图像数据

下面的代码使用 `pickle` 读取数据集 (扩展名为 `pkl`) 并转换成 PyTorch 的张量, 同时点出训练集前 60 个手写数字的图形 (见图4.2.1).

```
import pickle
with open("mnist.pkl", 'rb') as f:
    ((x_train, y_train), (x_valid, y_valid), _) = pickle.load(f,
        encoding="latin-1")

import torch
x_train, y_train, x_valid, y_valid = map(
    torch.tensor, (x_train, y_train, x_valid, y_valid)
)

figure = plt.figure(figsize=(21,7))
for index in range(1, 60 + 1):
    plt.subplot(5, 12, index)
    plt.axis('off')
    plt.imshow(x_train[index].reshape((28,28)), cmap='gray_r')
```

上面点图程序的代码 `x_train[index].reshape((28,28))` 把代表一个图形的每一行数据转换成 28×28 矩阵, 这里所用的 `reshape()` 基本上等价于 `view()`, 但后者肯定和原数据共用一个空间, 而前者也可能共用一个空间. 如果需要一个不共享空间的对象, 可以用 `clone()` 来复制 (类似于 NumPy 的 `copy()`). 因此上面代码等价于使用 `view()` 的代码 `x_train.view(x_train.shape[0],28,28)[index]`.

图 4.2.1　60 个手写数字

4.2.2　对数据进行包装

假定我们准备训练数据, bs=100 个观测值作为一个批次, 如果不做包装, 就要在循环中使用类似于下面的比较麻烦的语句来开始每次迭代:

```
bs=100
for i in range(len(x_train)//bs):
    X=x_train[bs*i:bs+i*bs]
    Y=y_train[bs*i:bs+i*bs]
    .......................
```

为了简化编程, 我们可以分两步来包装这个数据:

1. 利用 TensorDataset 把自变量和因变量数据集按照指标 (行) 来合并, 有如矩阵合并:

```
train = torch.utils.data.TensorDataset(x_train,y_train)
test = torch.utils.data.TensorDataset(x_valid, y_valid)
```

之后, 比如 train[:5] 就是前 5 个观测值(包括自变量和因变量), 而 train[:5][1]
就是前 5 个因变量观测值.

2. 利用 DataLoader 把上面的 TensorDataset 以批次为单位整合起来:

```
bs=100
train_loader = torch.utils.data.DataLoader(train, batch_size = bs)
test_loader = torch.utils.data.DataLoader(test, batch_size = bs)
```

当然, 这里还可以加上诸如是否随机改变观测值次序(shuffle=True, 默认值 False)
等选项.

下面是一个简单的包装 3 个变量的数据例子, 这里样本量为 6, 批次大小为 2, 因此只有
3 个批次.

```
nb_samples = 6
x1 = torch.randn(nb_samples, 4) #6乘4矩阵
x2 = torch.empty(nb_samples, dtype=torch.long).random_(10)#6个整数
x3 = torch.randn(nb_samples, 2,2)#6个2乘2矩阵

dataset = torch.utils.data.TensorDataset(x1,x2,x3)
loader = torch.utils.data.DataLoader(
    dataset,
    batch_size=2
)

for id, (x, y, z) in enumerate(loader):
    print('batch:',id,'\n',x,'\n',y,'\n',z)
```

输出为(第 1 个变量每批为 2 个 1 × 4 矩阵, 第 2 个变量每批为 2 个整数, 第 3 个变量每批为 2 个 2 × 2 矩阵):

```
batch: 0
 tensor([[-0.5606, -2.6437, -0.2470,  2.2003],
        [ 0.7073, -0.3256,  0.9424,  0.1138]])
 tensor([3, 2])
 tensor([[[-3.4264e-02, -6.1501e-01],
        [ 3.6255e-04,  1.2958e-03]],

        [[ 1.8495e+00, -5.9106e-01],
        [ 2.0731e-01,  9.1831e-01]]])
batch: 1
 tensor([[ 0.1984,  2.5660, -0.5999,  0.4688],
        [ 1.9885, -0.8941, -0.4905, -0.6053]])
 tensor([6, 0])
 tensor([[[ 0.8891,  0.2940],
        [-0.5874,  1.5434]],

        [[-0.5364,  0.2409],
        [-2.3135, -1.2004]]])
batch: 2
 tensor([[-2.4164,  1.0009,  0.9491, -2.5976],
        [ 0.1049,  0.7634, -0.0185,  0.1284]])
 tensor([3, 3])
 tensor([[[ 1.1447,  0.8196],
        [ 2.3823, -0.6656]],

        [[ 0.3657,  0.2202],
        [-0.2964, -1.0584]]])
```

当然, 没有这些包装也可以照样进行, 只不过代码稍微繁琐一些.

4.2.3 建立一般的神经网络分类模型

首先建立一个具有 2 个隐藏层的神经网络, 这里的内容前面基本上已经介绍过了.

```
D_in = 784 # 每个批次一个图片
H = [128, 64] # 两个隐藏层的节点数目
D_out = 10 # 因变量从0 到 9的10个数目字组成10个节点

model = nn.Sequential(nn.Linear(D_in, H[0]),
                      nn.ReLU(),
                      nn.Linear(H[0], H[1]),
                      nn.ReLU(),
                      nn.Linear(H[1], D_out),
                      nn.LogSoftmax(dim=1))
print(model)
```

其中的激活函数 LogSoftmax 是前面介绍过的 Softmax 的对数:

$$\text{LogSoftwax}(x_i) = \log\left[\frac{\exp(x_i)}{\sum_j \exp(x_j)}\right].$$

因此每次输出的是 (相应于 10 个数字的 10 个) 概率对数, 每次把预计值判为相应于概率对数大的数字. 这次我们的损失函数不用均方误差而是应对分类问题的负对数似然损失 (negative log likelihood loss) NLL = nn.NLLLoss(w,y), 变元中的权重 w 包含了 LogSoftmax 输出的 10 个对数概率, 而 y 是目标变量, 这里为因变量的标签.

可以用语句 print(model) 打印出模型形式, 得到:

```
Sequential(
  (0): Linear(in_features=784, out_features=128, bias=True)
  (1): ReLU()
  (2): Linear(in_features=128, out_features=64, bias=True)
  (3): ReLU()
  (4): Linear(in_features=64, out_features=10, bias=True)
  (5): LogSoftmax(dim=1)
)
```

下面是和以前介绍类似的神经网络训练程序, 不同的是有两个循环, 一个是对批次的循环 (500 个批次, 每次 100 个图像), 一个是对整个数据的循环 (20 个纪元).

```
import torch.optim as optim
NLL = nn.NLLLoss()
optimizer = optim.SGD(model.parameters(), lr=0.003, momentum=0.9)
L=[]
```

```
epochs = 20
for e in range(epochs):
    running_loss = 0
    for images, labels in train_loader:
        optimizer.zero_grad()
        loss = NLL(model(images), labels)
        loss.backward()
        optimizer.step()
        running_loss += loss.item()
    L.append(running_loss/len(train_loader))
```

在上面的程序中已经记录了每纪元中的平均损失 (记为L), 据此点出图4.2.2.

```
import matplotlib.pyplot as plt
plt.figure(figsize=(10,3))
plt.plot(np.arange(1, 21),np.array(L))
plt.ylabel("Running loss")
plt.xlabel("Epoch")
plt.xticks(np.arange(1, 21))
```

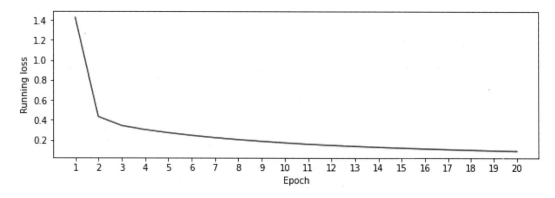

图 4.2.2　各个纪元的平均损失

从图4.2.2可以看出, 对整个数据重复多次来训练模型的确可以提高拟合精度, 但很有可能会造成过度拟合. 因此必须使用 (在 text_loader 中的) 测试集做交叉验证. 下面对测试集做交叉验证并生成混淆矩阵.

定义一个训练函数

上面的代码也可以定义一个函数, 比如:

```
import torch
import torch.optim as optim
def MyMnistFit(epochs, model, loss_func,opt, trainDL):
```

```
    optimizer = opt
    L=[]
    epochs = epochs # 20
    for e in range(epochs):
        running_loss = 0
        for images, labels in trainDL:
            optimizer.zero_grad()
            loss = loss_func(model(images), labels)
            loss.backward()
            optimizer.step()
            running_loss += loss.item()
        L.append(running_loss/len(trainDL))
    return model, L
```

那么, 前面的训练代码就只有几行了:

```
opt=optim.SGD(model.parameters(), lr=0.003, momentum=0.9)
loss_func=torch.nn.NLLLoss()
model,L=MyMnistFit(20, model, loss_func,opt, train_loader)
```

4.2.4 对测试集做交叉验证

下面对测试集 test_loader 用前面 20 个纪元训练好的模型 model() 做交叉验证并生成混淆矩阵.

```
CM=np.zeros((10,10))
for images,labels in test_loader:
    for i in range(len(labels)):
        img = images[i].view(1, images.shape[1])
        with torch.no_grad():
            logps = model(img)

        ps = torch.exp(logps)
        probab = list(ps.numpy()[0])
        pred_label = probab.index(max(probab))
        true_label = labels.numpy()[i]
        CM[labels.numpy()[i],list(probab==max(probab)).index(1)]+=1
CM=CM.astype("int32")
print("Model Accuracy =",np.diag(CM).sum()/CM.sum())
print("\nConfusion matrix =\n",CM)
```

输出的精确度 (对角线计数总和所占比例) 及混淆矩阵为:

```
Model Accuracy = 0.9687

Confusion matrix =
 [[ 966    0    6    0    1    1   10    1    3    3]
  [   0 1049    4    3    0    0    0    2    6    0]
  [   2    2  966    6    2    1    3    2    6    0]
  [   1    1   12  987    1   12    0    4   11    1]
  [   0    5    2    0  957    1    4    1    1   12]
  [   3    1    8   12    3  860   13    2   10    3]
  [   1    0    1    0    1    2  960    0    2    0]
  [   2    7    6    2    3    0    0 1057    0   13]
  [   2    3    5    8    3    4    3    2  972    7]
  [   4    2    0    4   20    3    1   10    4  913]]
```

和上面代码有关的若干说明:

1. `len(test_loader)` 为批次数目, 等于测试集的样本量 (10000) 除以每个批次的观测值数目 (bs=100): $10000/\text{bs} = 100$.

2. 在每个批次中, `len(labels)` 等于 100, 这就是前面定义的 bs=100, 和上面的 100 的含义不一样 (虽然数目相同).

3. 对每个批次, `images.shape` 为 100×784; 而 `images[i].shape` 为 `torch.Size`, 它是代表图像大小的向量 (等于 `[784]`), 而不是模型要求矩阵形式, 维度为 1×784 的结果 `images[i].view(-1,images.shape[1])` 符合要求. 一个和上面等价的代码为 `images[i].unsqueeze(0)`.

4. `logps` 及 `ps` 的维度都是 `torch.Size([1, 10])`.

5. 在从 PyTorch 的 `tensor` 转换成 NumPy 数组 `np.array` 时要注意下面几点:

   (1) 如果转换属于 `tensor` 的 `x = torch.tensor([2,4,1,10])` 成为 NumPy 数组, 不能用 `x.item()` 只能用 `x.numpy()`.

   (2) 对于只有一个元素的 `tensor`, 比如 `x[0]`, 则可以用诸如 `x[0].item()` 得到与 `x.numpy()[0]` 相同的数目.

   (3) 如果 `z = torch.tensor([3])`, 虽然只有一个元素, 但 `z.numpy()` 输出的是一个数的数组 (array) `array([3])`, 那么就必须用 `z.numpy()[0]` 来得到一个数目.

6. 上面程序中的 `ps.numpy()` 是 1×10 矩阵, 而我们需要的是一个向量, 这可以用下面的方式解决:

   (1) 在 PyTorch 中解决后再转换成 NumPy 形式: `ps.squeeze().numpy()`, 这里的 `squeeze()` 是取消那些只有 1 的维度, 比如, 把 $3 \times 1 \times 2 \times 1$ 转换成 3×2 维, 试运行下面的语句并查看结果 (参考函数 `unsqueeze()`):

```
x = torch.tensor(np.zeros((3,1,2,1)))
x,x.squeeze()
```

(2) 转换成 NumPy 形式再降维: 如 `ps.numpy().reshape(-1,10)`,或者上面程序中用的 `ps.numpy()[0]`.

4.3 卷积神经网络

卷积神经网络 (convolutional neural network, CNN 或 ConvNet) 在 2010 年之后变得非常流行, 因为它在视觉数据上的表现优于任何其他网络体系结构, 但是 CNN 背后的概念并不是新概念. 实际上, 它很大程度上是受到人类视觉系统的启发. 它在一些领域的应用比较突出, 比如: 面部识别系统, 文档的分析和解析, 智能城市 (比如监控探头数据的使用), 个性化推荐系统等.

4.3.1 卷积

卷积 (convolution) 也称为**褶积**, 其实并不复杂, 最简单的例子就是大家熟知的 "3 点移动平均'' 或 "5 点移动平均'' 一类的运算. 当然, 所谓平均可能是某种加权平均.

一维卷积: 3 点移动平均的例子

如果有一串 10 个数目 $\boldsymbol{x} = (x_1, x_2, \ldots, x_{10}) = (0, 5, 13, 18, 12, 8, 5, 14, 15, 14)$, 我们准备做 "3 点移动平均''(每次移动一项), 权重 (这里称为**卷积核**或**核**) 为 $\boldsymbol{y} = (y_{-1}, y_0, y_1) = (0.5, 1, 0.5)$. 由于 $\boldsymbol{y}$ 有 3 个值, 因此对于 $\boldsymbol{x}$ 的平均只能有 $10 - 3 + 1 = 8$ 次, 得到 8 个值. 计算过程如下:

1. 第 1 个值 (以 $\boldsymbol{x}$ 第 2 个位置为中心, 记为 $c(2)$):

$$c(2) = \boldsymbol{y}^\top (x_1, x_2, x_3) = (0.5, 1, 0.5)^\top (5, 13, 18) = 24.5 \left(= \sum_{i=-1}^{1} y_i x_{2+i} = \sum_{i=-1}^{1} y_i x_{2-i}\right).$$

2. 第 2 个值 (以 $\boldsymbol{x}$ 第 3 个位置为中心, 记为 $c(3)$):

$$c(3) = \boldsymbol{y}^\top (x_2, x_3, x_4) = (0.5, 1, 0.5)^\top (0, 5, 13) = 11.5 \left(= \sum_{i=-1}^{1} y_i x_{3+i} = \sum_{i=-1}^{1} y_i x_{3-i}\right).$$

3. 其余以此类推. 第 8 个值 (以 $\boldsymbol{x}$ 第 9 个位置为中心, 记为 $c(9)$):

$$c(9) = \boldsymbol{y}^\top (x_8, x_9, x_{10}) = (0.5, 1, 0.5)^\top (14, 15, 14) = 29 \left(= \sum_{i=-1}^{1} y_i x_{9+i} = \sum_{i=-1}^{1} y_i x_{9-i}\right).$$

因此, 我们有关于 $c(a)$(通常记卷积为 $c(a) = (x * y)(a)$) 的公式:

$$c(a) = (x * y)(a) = \sum_{i=-\infty}^{\infty} y_{a-i} x_i = \sum_{i=-\infty}^{\infty} y_i x_{a-i} = \sum_{i+j=a} y_i x_j.$$

注意上面用的求和运算符的上下限为 $(-\infty, \infty)$, 这是一般卷积定义的表述, 对有限序列的例子没有影响, 因为 $y_i = 0, \forall i \notin [-1, 0, 1]$ 以及 $x_i = 0, \forall i \notin [1, 2, \ldots, 10]$. 表4.3.1、图4.3.1和图4.3.2为这个例子的数值和图形描述.

表 **4.3.1**　一维卷积的例子

a	1	2	3	4	5	6	7	8	9	10
x_a	0	5	13	18	12	8	5	14	15	14
$(x*y)(a)$		11.5	24.5	30.5	25	16.5	16	24	29.0	

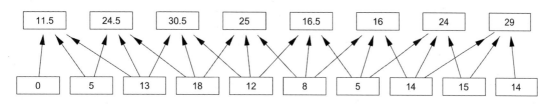

图 **4.3.1**　一维卷积的形成

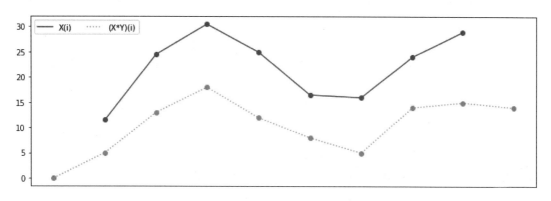

图 **4.3.2**　3 点移动平均的一维卷积结果图

上面的例子可以使用代码实现:

```
X=np.array([ 0,  5, 13, 18, 12,  8,  5, 14, 15, 14])
Y=np.array([1/2,1,1/2])
X_Y=[]
for i in range(0,len(X)-len(Y)+1):
    X_Y.append(Y.dot(X[i:(i+len(Y))]))
print("Y=",Y,"\nX=",X,"\n(X*Y)=",X_Y)
```

输出为:

```
Y= [0.5 1.  0.5]
X= [ 0  5 13 18 12  8  5 14 15 14]
(X*Y)= [11.5, 24.5, 30.5, 25.0, 16.5, 16.0, 24.0, 29.0]
```

上面的移动平均每次移动一项(步长等于 1), 这时, 可以得到 $10-3+1$ 个数字, 步长越大, 结果的长度越小. 一般来说, 如果输入尺寸为 N, 核尺寸为 K, 步长为 S, 则输出的尺寸为

$(N-K)/S+1$ 的整数部分. 有时候, 在输入的两边加上一些值 (比如 0) 作为填充 (padding), 使得输出不小于原来尺寸. 如果填充的部分长度是 P, 那么输出的尺寸为 $(N-K+P)/S+1$ 的整数部分.

二维卷积的例子

对于高维情况, 前面卷积定义形式不变, 仅仅把变元考虑为向量即可, 比如在 2 维情况,

$$c(a_1, a_2) = (x*y)(a_1, a_2) = \sum_i \sum_j y_{i,j} x_{a_1-i, a_2-j}.$$

二维卷积实际上多用于图像处理. 以彩色图像为例, 数据维数为 $h \times w \times d$, 这里 h 和 w 分别代表竖直和水平方向的像素个数, d 通常为 2, 代表红绿蓝 3 种颜色, 数据矩阵每个值为某颜色像素的强度. 一般神经网络是把这些矩阵拉直成 3 个长度为 $h \times w$ 的向量, 然后再进行完全连接, 这种做法计算量很大, 并且权重有很多的重复. 前面例4.2数据本身代表一个图片的每一行数据有 784 个值, 这就是从 28×28 的矩阵拉直而成的.

CNN 的作用是将图像缩小为更易于处理的形式, 而不会丢失对获得良好预测至关重要的特征. 在设计一个不仅擅长学习特征而且可扩展到海量数据集的体系结构时, 这是很重要的. 下面给出一个把 2 维矩阵 $(h \times w)$ 数据 m (可考虑成图像的某个颜色层) 通过在卷积层和一个 $k_h \times k_w$ 核矩阵或核 (kernel), 也称为过滤器 (filter) 矩阵 k 做卷积的简单示意.

下面的输入矩阵 m 为 5×5 矩阵, 过滤矩阵 k 为 3×3 矩阵. 然后把矩阵 k 和矩阵 m 的每个 3×3 子矩阵做内积 (元素乘元素再求和) 得到一个 $(h-k_h+1) \times (w-k_w+1) = 3 \times 3$ 的结果矩阵. 这是步长 (stride) 为 1 的过程, 如果是每隔一个做一次, 则步长为 2.

$$\boldsymbol{m} * \boldsymbol{k} = \begin{bmatrix} 4 & 8 & 2 & 5 & 3 \\ 6 & 2 & 1 & 5 & 0 \\ 6 & 8 & 1 & 8 & 0 \\ 1 & 5 & 7 & 6 & 3 \\ 8 & 3 & 5 & 8 & 6 \end{bmatrix} * \begin{bmatrix} 1 & 0 & 1 \\ 0 & 1 & 0 \\ 1 & 0 & 1 \end{bmatrix} = \begin{bmatrix} 15 & 30 & 11 \\ 23 & 19 & 19 \\ 25 & 34 & 18 \end{bmatrix}$$

为了便于理解上面计算过程, 下面给出做上面计算的 Python 函数:

```python
import numpy as np
def Conv(m,k): # m 和 k 为 numpy 矩阵
    np.zeros(k.shape)
    for i in range(m.shape[0]-k.shape[0]+1):
        for j in range(m.shape[1]-k.shape[1]+1):
            C[i,j]=np.sum(m[i:i+3,j:j+3]*k)
    return C
```

1. 卷积核的选择.

卷积核或过滤矩阵有很多种选择, 比如下面的几种 3×3 过滤矩阵各有各的用途:

$$\text{identity: } \begin{bmatrix} 0 & 0 & 0 \\ 0 & 1 & 0 \\ 0 & 0 & 0 \end{bmatrix};$$

$$\text{Gaussian plur (aproximation): } \frac{1}{16} \begin{bmatrix} 1 & 2 & 1 \\ 2 & 4 & 2 \\ 1 & 2 & 1 \end{bmatrix};$$

$$\text{Box blur (normalized): } \frac{1}{9} \begin{bmatrix} 1 & 1 & 1 \\ 1 & 1 & 1 \\ 1 & 1 & 1 \end{bmatrix};$$

$$\text{sharpen: } \begin{bmatrix} 0 & -1 & 0 \\ -1 & 5 & -1 \\ 0 & -1 & 0 \end{bmatrix};$$

$$\text{Edge detection (三种): } \begin{bmatrix} 1 & 0 & -1 \\ 0 & 1 & 0 \\ -1 & 0 & 1 \end{bmatrix}, \begin{bmatrix} 0 & 1 & 0 \\ 1 & -6 & 1 \\ 0 & 1 & 0 \end{bmatrix}, \begin{bmatrix} -1 & -1 & -1 \\ -1 & 4 & -1 \\ -1 & -1 & -1 \end{bmatrix}.$$

2. 填充.

有时需要填充 (padding), 过滤器可能无法完全满足输入图像的维数. 有两个选择:

(1) 用零填充图片 (零填充) 以使其适合, 称为同等填充 (same padding).

(2) 删除图像中和过滤器不适合的部分, 仅保留图像的有效部分, 称为有效填充 (valid padding).

图4.3.3是用上面 7 种卷积核对一个从彩色图片 (FC.jpg) 转换来的黑白图片 (见图4.3.3左上图) 做卷积 (并做了填充) 的示例, 次序是从第一行左数第 2 个直到右下角的 7 个图.

做图4.3.3的程序代码为:

```python
import numpy as np
import cv2 # 安装的是opencv 但不要 import opencv
# 输入图片并转换成黑白(灰色调)图片
im_cv = cv2.imread('FC.jpg')
FC_bw = cv2.cvtColor(im_cv, cv2.COLOR_BGR2GRAY)
# 定义卷积函数
def conv2d(figure, filt):
    r,c=filt.shape
    res = np.zeros_like(figure)
    fig_pad = np.zeros((figure.shape[0] + 2, figure.shape[1] + 2))
    fig_pad[1:-1, 1:-1] = figure
    for x in range(figure.shape[1]):
        for y in range(figure.shape[0]):
```

```
                    res[y, x]=(filt * fig_pad[y: y+r, x: x+c]).sum()
        return res
# 给出各种卷积核
x0=np.zeros((3,3));x0[1,1]=1
x1=np.array([[1, 2, 1], [2, 4, 2],[1, 2, 1]])/16
x2=np.ones((3,3))/9
x3=np.array([[0, -1, 0], [-1, 5, -1],[0, -1, 0]])
x4=np.array([[1, 0, -1], [0, 1, 0],[-1, 0, 1]])
x5=np.array([[0, 1, 0], [1, -6, 1],[0, 1, 0]])
x6=np.ones((3,3));x6=x6*(-1);x6[1,1]=4
# 封装成字典
kernel=("Identity","Gblur","Boxblur","Sharpen",
        "Edge1","Edge2","Edge3")
Filt=dict(zip(kernel,(x0,x1,x2,x3,x4,x5)))
# 做卷积并存成文件
for f in Filt:
    image_cv=conv2d(FC_bw,Filt[f])
    cv2.imwrite('FC_'+f+'.jpg', image_cv)
```

图 4.3.3   不同过滤器对一个黑白图片卷积的效果

一般来说, 深度学习软件会自动给出默认过滤器形式并不断更新, 也可以手工指定过滤器.

3. 过滤.

在卷积之后, 需要过滤掉负值, 使用非线性函数 ReLU(Rectified Linear Unit) 作为激活函数来去掉负值 (使负值等于 0): $(x) = \max(0, x)$. 当然, 也可以用 $\tanh$ 或 $1/(1+\mathrm{e}^{-x})$ (logistic 函数) 等各种 S 型函数.

4.3.2 池化层

在处理图像时的池化 (pooling) 就是把小块区域的数据汇总, 以减少数据量. 池化有几种类型. 比如: 最大池化 (max pooling) 取小区域的最大值, 平均池化 (average pooling) 取小区域的平均值, 总和池化 (sum pooling) 取小区域的和. 下面是一个把刚才 5×4 数据阵 m 的 9 个 3×3 子矩阵化成 1 个 3×3 池化矩阵的例子 (步长为 1):

$$m = \begin{bmatrix} 4 & 8 & 2 & 5 & 3 \\ 6 & 2 & 1 & 5 & 0 \\ 6 & 8 & 1 & 8 & 0 \\ 1 & 5 & 7 & 6 & 3 \\ 8 & 3 & 5 & 8 & 6 \end{bmatrix} \Rightarrow \begin{cases} = \begin{bmatrix} 8 & 8 & 8 \\ 8 & 8 & 8 \\ 8 & 8 & 8 \end{bmatrix} & \text{(max pooling)}; \\[2em] \approx \begin{bmatrix} 4.22 & 4.44 & 2.78 \\ 4.11 & 4.78 & 3.44 \\ 4.89 & 5.67 & 4.89 \end{bmatrix} & \text{(average pooling)}; \\[2em] = \begin{bmatrix} 38 & 40 & 25 \\ 37 & 43 & 31 \\ 44 & 51 & 44 \end{bmatrix} & \text{(sum pooling)}. \end{cases}$$

由于最大池化可以充当噪声抑制器, 完全丢弃了嘈杂的激活, 同时执行了降维, 而平均池化仅执行降维, 因此, 人们通常认为最大池化的性能要比平均池化好得多. 总和池化和平均池化等价.

与卷积层相似, 池化层会减小卷积特征的空间. 这是为了通过降维来减少处理数据所需的计算量. 此外, 它对于提取旋转和位置不变的主要特征很有用, 从而保持有效训练模型的过程。

卷积层和池化层一起形成了卷积神经网络的某一层. 根据图像的复杂性, 可以增加这种层的数量以捕获更多低级细节, 这当然会增加计算量.

4.3.3 卷积神经网络的构造

一个为分类而构造的 CNN 的构成可以示意如下:

$$\text{输入} \Rightarrow \underbrace{\text{卷积} + \text{relu} + \text{池化} + \cdots + \text{卷积} + \text{relu} + \text{池化} + \cdots}_{\text{特征学习}} \Rightarrow \underbrace{\text{拉直} + \text{完全连接} + \text{softmax}}_{\text{分类}}$$

这表明: 在经过卷积池化等步骤后, 维数降低很多, 然后拉直矩阵成向量并传入进行完全连接的 (使用激活函数 softmax) 分类多层神经网络.

实际上, 卷积神经网络有很多种构成, 比如, LeNet, AlexNet, VGGNet, GoogLeNet, ResNet, ZFNet, 等等.

4.4　MNIST 手写数字数据 (续): CNN

还是用例4.2的数据, 但这次使用 CNN 来拟合.

输入一些模块:

```
import numpy as np
import pandas as pd
import seaborn as sns
import matplotlib
%matplotlib inline
import matplotlib.pyplot as plt
from torch import nn
import torch
import torch.nn.functional as F
```

4.4.1 整理数据

首先和以前一样输入及包装数据, 区别是每个观测值从有 784 个元素的向量转换成 28×28 矩阵.

```
import pickle
with open("mnist.pkl", 'rb') as f:
    ((x_train, y_train), (x_valid, y_valid), _) = pickle.load(f, encoding="latin-1")
import torch

x_train, y_train, x_valid, y_valid = map(
    torch.tensor, (x_train, y_train, x_valid, y_valid)
)

x_train=x_train.reshape(50000,1,28,28)
x_valid=x_valid.reshape(10000,1,28,28)

batch_size_train = 64
batch_size_test = 1000

# Pytorch train and test sets
train = torch.utils.data.TensorDataset(x_train,y_train)
test = torch.utils.data.TensorDataset(x_valid, y_valid)

train_loader = torch.utils.data.DataLoader(train, batch_size = batch_size_train,
                                           shuffle = False)
test_loader = torch.utils.data.DataLoader(test, batch_size = batch_size_test,
                                          shuffle = False)
```

4.4.2 为模型拟合做准备

为要用的 lambda 函数做 PyTorch 包装:

```
class Lambda(nn.Module):
    def __init__(self, func):
        super().__init__()
        self.func = func
```

```
def forward(self, x):
    return self.func(x)
```

确定损失函数及优化方法:

```
loss_func = F.cross_entropy
opt = optim.SGD(model.parameters(), lr=0.1, momentum=0.9)
```

确定前向传播 CNN 模型:

```
from torch import optim
model = nn.Sequential(
    nn.Conv2d(1, 16, kernel_size=3, stride=2, padding=1),
    nn.ReLU(),
    nn.Conv2d(16, 16, kernel_size=3, stride=2, padding=1),
    nn.ReLU(),
    nn.Conv2d(16, 10, kernel_size=3, stride=2, padding=1),
    nn.ReLU(),
    nn.AdaptiveAvgPool2d(1),
    Lambda(lambda x: x.view(x.size(0), -1)),
)
```

对上面模型有如下说明:

1. 这里的卷积Conv2d()填有 5 个选项, 其中第一个是输入通道数目 (in_channels), 由于我们的图片只有一种颜色, 所以第一个卷积层只有一个通道 (in_channels=1), 如果是彩色图片, 则应该是 in_channels=3; 第二个选项是输出通道, 第一个卷积层为 16(out_channels=16), 这意味着用了 16 个卷积核, 这也说明下一个卷积层的输入通道应该有 16 个; 其他选项如卷积核大小 (kernel_size, 如果给出两个数字, 则为核矩阵的长宽, 如果为一个数字, 则为长宽相等的尺寸)、步长 (stride) 以及填补多少 (padding) 比较容易理解.

2. 用下面的例子解释这里的池化 AdaptiveAvgPool2d() 的输出和输入维度的关系:

```
m1 = nn.AdaptiveAvgPool2d((5,4))
m2 = nn.AdaptiveAvgPool2d((3))
x = torch.randn(1, 64, 18, 9)
m1(x).shape,m2(x).shape
```

输出为:

```
(torch.Size([1, 64, 5, 4]), torch.Size([1, 64, 3, 3]))
```

3. x.view(x.size(0), -1) 产生二维数组, 第一维个数不变 (x.size(0)), 其他维拉直, 看下面的例子:

```
a = torch.range(1, 4*4*28*96)
a=a.view(2,8,28,96)
a.view(a.size(0),-1).shape
```

输出为:

```
torch.Size([2, 21504])
```

神经网络迭代反向传播训练过程写成函数:

```
def loss_batch(model, loss_func, xb, yb, opt=None):
    loss = loss_func(model(xb), yb)
    if opt is not None:
        loss.backward()
        opt.step()
        opt.zero_grad()
    return loss.item(), len(xb)
```

包装数据、模型、迭代训练、优化、损失的拟合函数:

```
def fit(epochs, model, loss_func, opt, train_dl, valid_dl):
    for epoch in range(epochs):
        model.train()
        for xb, yb in train_dl:
            loss_batch(model, loss_func, xb, yb, opt)

        model.eval()
        with torch.no_grad():
            losses, nums = zip(
                *[loss_batch(model, loss_func, xb, yb) for xb, yb in valid_dl]
            )
        val_loss = np.sum(np.multiply(losses, nums)) / np.sum(nums)

        print(epoch, val_loss)
```

4.4.3 拟合及交叉验证

最终拟合代码为:

```
epochs = 10
fit(epochs, model, loss_func, opt, train_loader, test_loader)
```

输出为:

```
0 0.19520227760076522
1 0.1716478370130062
2 0.15651972591876984
3 0.15083055645227433
```

```
4  0.148082684725523
5  0.14219199866056442
6  0.13565228283405303
7  0.13065914213657379
8  0.127529776096344
9  0.12674583941698075
```

交叉验证并输出混淆矩阵的代码类似于以前, 但对输入矩阵维数做了调整:

```
CM=np.zeros((10,10))
#correct_count, all_count = 0, 0
for images,labels in test_loader:
    for i in range(len(labels)):
        img = images[i].unsqueeze(0)
        with torch.no_grad():
            logps = model(img)

        ps = torch.exp(logps)
        probab = list(ps.numpy()[0])
        pred_label = probab.index(max(probab))
        true_label = labels.numpy()[i]
        CM[labels.numpy()[i],list(probab==max(probab)).index(1)]+=1
CM=CM.astype("int32")
print("Model Accuracy =",np.diag(CM).sum()/CM.sum())
print("\nConfusion matrix =\n",CM)
```

输出为:

```
Model Accuracy = 0.9646

Confusion matrix =
 [[ 959    0    5    0    2    1    8    0   13    3]
 [   0 1052    4    0    0    0    2    1    5    0]
 [   0    7  947   12    3    2    5    5    8    1]
 [   0    1    9 1005    1    6    0    3    3    2]
 [   1    6    0    1  956    0    2    6    3    8]
 [   0    1    8   16    5  847   10    5   21    2]
 [   1    1    1    0    3    3  949    1    8    0]
 [   1    6    5    4    6    2    0 1055    3    8]
 [   2    3    3    3    6    1    4    2  981    4]
 [   4    2    2    8   24    3    1   10   12  895]]
```

4.5　CIFAR-10 数据图像 CNN 案例

首先载入可能需要的模块:

```
from __future__ import print_function
import numpy as np
import argparse
import torch
import torchvision
import torch.nn as nn
import torch.nn.functional as F
import torch.optim as optim
from torchvision import datasets, transforms
from sklearn.metrics import *
from matplotlib import pyplot as plt
%matplotlib inline
```

4.5.1　数据及载入

例 4.3 CIFAR-10 是一个经典的图像识别问题, 包括 60000 幅 32×32 像素的 RGB 图像 (50000 幅属于训练集; 10000 幅属于测试集). 这些图像共包括 10 类内容: plane (飞机), car (汽车), bird (鸟), cat (猫), deer (鹿), dog (狗), frog (青蛙), horse (马), ship (船), truck (卡车). 这里将用 PyTorch 给出的 CNN 网络模型来拟合. 本例直接使用 PyTorch 的代码载入文件, 但也可以用这里给出的数据文件 (在文件夹 cifar-10-batches-py 中的文件: data_batch_1, data_batch_2, data_batch_3, data_batch_4, data_batch_5, test_batch). 可以用下面的代码把数据以 dict 形式读入:

```
def unpickle(file):
    import pickle
    with open(file, 'rb') as fo:
        dict = pickle.load(fo, encoding='bytes')
    return dict


w=[]
for i in range(5):
    w.append(unpickle('cifar-10-batches-py/data_batch_'+str(i+1)))
w.append(unpickle('cifar-10-batches-py/test_batch'))


d = {}
for i,k in enumerate(w[0].keys()):
    if i==0:
        d[k] = tuple(d[k] for d in w)
    if i!=0:
        d[k] = np.concatenate(list(d[k] for d in w))

x_train=d[b'data'].reshape(60000,3,32,32)[:50000]
y_train=d[b'labels'][:50000].astype(int)
```

```
x_test=d[b'data'].reshape(60000,3,32,32)[50000:]
y_test=d[b'labels'][50000:].astype(int)
```

当然这些数据都是 **NumPy** 数组, 需要做一些包装才能适用于深度学习软件. 为了验证, 可以打印出一些图形 (见图4.5.1):

```
plt.figure(figsize=(20,6))
for i in range(12):
    plt.subplot(2, 6, i+1)
    plt.imshow(np.transpose(x_train[i], (1, 2, 0)))
    plt.title(classes[y_train[i]])
```

画图程序中的函数 `np.transpose(x_train[i], (1, 2, 0))` 把 `x_train[i]` 的维度 `(3, 32, 32)` 转换成 `(32, 32, 3)` 而不打乱 3 种颜色各自的数据, 这种显示彩色图形的格式是函数 `imshow` 所要求的.

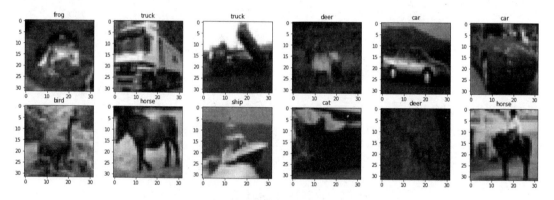

图 **4.5.1   CIFAR-10 数据的几幅图**

直接通过程序载入数据并包装

直接输入数据需要联网, 执行下面的代码可把数据下载并包装成 `batch_size=4` 及涉及工作进程数目的 `num_workers=2`, 而且训练集观测值次序随机变动了的 `DataLoader` 形式. 这个程序是很标准的载入例4.3数据的程序, 可在 **PyTorch** 官网上找到.[3]

```
transform = transforms.Compose(
    [transforms.ToTensor(),
     transforms.Normalize((0.5, 0.5, 0.5), (0.5, 0.5, 0.5))])

trainset = torchvision.datasets.CIFAR10(root='./data', train=True,
                            download=True, transform=transform)
train_loader = torch.utils.data.DataLoader(trainset, batch_size=4,
```

[3] https://pytorch.org/tutorials/beginner/blitz/cifar10_tutorial.html.

```
                                   shuffle=True, num_workers=2)

testset = torchvision.datasets.CIFAR10(root='./data', train=False,
                                download=True, transform=transform)
test_loader = torch.utils.data.DataLoader(testset, batch_size=4,
                                shuffle=False, num_workers=2)


classes = ('plane', 'car', 'bird', 'cat',
           'deer', 'dog', 'frog', 'horse', 'ship', 'truck')
```

4.5.2 CIFAR-10 数据一个比较成功的现成 CNN 模型

这个模型是个现成的比较成功的模型, 可以在网上找到.[4]

```
class CNN(nn.Module):
    def __init__(self):
        super(CNN, self).__init__()
        self.conv1 = nn.Conv2d(3,   64,  3)
        self.conv2 = nn.Conv2d(64,  128, 3)
        self.conv3 = nn.Conv2d(128, 256, 3)
        self.pool = nn.MaxPool2d(2, 2)
        self.fc1 = nn.Linear(64 * 4 * 4, 128)
        self.fc2 = nn.Linear(128, 256)
        self.fc3 = nn.Linear(256, 10)

    def forward(self, x):
        x = self.pool(F.relu(self.conv1(x)))
        x = self.pool(F.relu(self.conv2(x)))
        x = self.pool(F.relu(self.conv3(x)))
        x = x.view(-1, 64 * 4 * 4)
        x = F.relu(self.fc1(x))
        x = F.relu(self.fc2(x))
        x = self.fc3(x)
        return F.log_softmax(x, dim=1)
```

这个模型我们已经训练完了, 并且保存在文件 cifar_CNN.pth 之中, 只要运行下面的代码就可以载入训练好了的模型, 省一些时间:

```
model = CNN()
model.load_state_dict(torch.load('cifar_CNN.pth'))
```

由此可直接打印我们训练的 CNN 各种参数的数目 (因为有 537610 个, 不可能有具体值).

---

[4]http://bytepawn.com/solving-cifar-10-with-pytorch-and-skl.html.

```
total = 0
print('Trainable parameters:')
for name, param in model.named_parameters():
    if param.requires_grad:
        print(name, '\t', param.numel())
        total += param.numel()
print()
print('Total', '\t\t', total)
```

输出的各个层的参数个数为:

```
Trainable parameters:
conv1.weight   1728
conv1.bias   64
conv2.weight   73728
conv2.bias   128
conv3.weight   294912
conv3.bias   256
fc1.weight   131072
fc1.bias   128
fc2.weight   32768
fc2.bias   256
fc3.weight   2560
fc3.bias   10

Total   537610
```

该代码对每个纪元中每 1000 个批次输出一个训练集损失值.

4.5.3 训练与测试模型的函数

下面是标准的训练模型的函数, 完全类似于4.4.2节的函数 fit:

```
def train(model, train_loader, optimizer, epoch):
    device = torch.device("cuda:0" if torch.cuda.is_available() else "cpu")
    losses = []
    model.train()
    for batch_idx, (data, target) in enumerate(train_loader):
        data, target = data.to(device), target.to(device)
        optimizer.zero_grad()
        output = model(data)
        loss = F.nll_loss(output, target)
        loss.backward()
        optimizer.step()
        losses.append(loss.item())
        if batch_idx > 0 and batch_idx % 1000 == 0:
            print('Train Epoch: {} [{}/{}\t({:.0f}%)]\tLoss: {:.6f}'.format(
                epoch, batch_idx * len(data), len(train_loader.dataset),
```

```
                    100. * batch_idx / len(train_loader), loss.item()))
        return losses
```

该代码对每个纪元输出一个训练集平均损失值.

4.5.4 拟合数据及混淆矩阵

拟合

这里给出的拟合程序代码会输出 20 个纪元的损失并收集各个纪元各批次的精确度, 但都是关于训练集的拟合结果.

```
model = CNN()
optimizer = optim.SGD(model.parameters(), lr=0.001, momentum=0.9)
losses = []
accuracies = []
for epoch in range(0, 20):
    losses.extend(train(model, train_loader, optimizer, epoch))
    accuracies.append(test(model, train_loader))
```

以下代码显示存储的训练集精确度 (每个纪元一个数) 的点图 (见图4.5.2).

```
plt.figure(figsize=(14, 4))
plt.xticks(range(len(accuracies)))
plt.xlabel('training epoch')
plt.ylabel('train accuracy')
plt.plot(accuracies, marker='o')
```

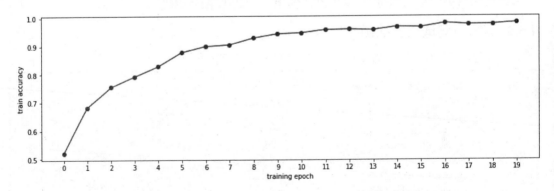

图 4.5.2　CNN 模型拟合 CIFAR-10 数据的精确度

但是只看训练集拟合精度是不准确的, 必须看对测试集的交叉验证结果.

具体预测代码

下面选择测试集第一个批次 4 个图形的展示和预测:

```
dataiter = iter(test_loader)
images, labels = dataiter.next()

# print images
imshow(torchvision.utils.make_grid(images))
print('Truth labels: ', ' '.join('%5s' % classes[labels[j]] for j in range(4)))

outputs = model(images)
_, predicted = torch.max(outputs, 1)

print('Predicted labels: ', ' '.join('%5s' % classes[predicted[j]]
                                for j in range(4)))
```

输出为:

```
Truth labels:     cat   ship   ship plane
Predicted labels:     cat    car truck plane
```

显然, 把中间 2 个图预测错了 (把 2 个船的图形预测成汽车和卡车, 见图4.5.3).

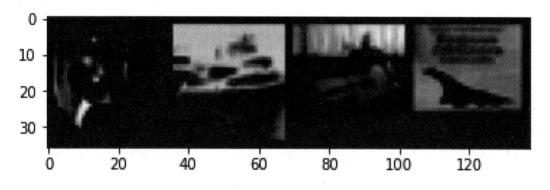

图 4.5.3　预测的 4 个图

对测试集交叉验证: 混淆矩阵及精确度

```
def CM(model, test_loader):
    class_correct = list(0. for i in range(10))
    class_total = list(0. for i in range(10))
    device = torch.device("cuda:0" if torch.cuda.is_available() else "cpu")
    model.eval()
    actuals = []
    predictions = []
    with torch.no_grad():
        for data, target in test_loader:
            data, target = data.to(device), target.to(device)
            output = model(data)
            _, predicted = torch.max(output, 1)
            c = (predicted == target).squeeze()
```

```
            for i in range(4):
                label = target[i]
                class_correct[label] += c[i].item()
                class_total[label] += 1
            actuals.extend(target.view_as(predicted))
            predictions.extend(predicted)
    return class_correct,class_total,\
    [i.item() for i in actuals], [i.item() for i in predictions]

class_correct,class_total,actuals, predictions = CM(model, test_loader)
print('Confusion matrix:')
print(confusion_matrix(actuals, predictions))
print('Accuracy score: %f' % accuracy_score(actuals, predictions))
for i in range(10):
    print('Accuracy of %5s : %2d %%' % (
        classes[i], 100 * class_correct[i] / class_total[i]))
```

输出为:

```
Confusion matrix:
[[837  14  18   9   7   6   5   8  66  30]
 [ 14 869   6   7   1   4   2   7  24  66]
 [ 90   8 642  50  61  51  41  23  22  12]
 [ 33   7  58 531  57 182  43  40  18  31]
 [ 32   4  52  65 684  39  40  64  12   8]
 [ 20   5  47 112  24 714  18  41  10   9]
 [ 10   5  43  60  41  25 791   4  11  10]
 [ 25   2  33  40  28  60   4 777   5  26]
 [ 56  19   4   6   2   3   3   3 881  23]
 [ 24  84   6  11   2   2   1   8  33 829]]
Accuracy score: 0.755500


Accuracy score: 0.755500
Accuracy of plane : 83 %
Accuracy of   car : 86 %
Accuracy of  bird : 64 %
Accuracy of   cat : 53 %
Accuracy of  deer : 68 %
Accuracy of   dog : 71 %
Accuracy of  frog : 79 %
Accuracy of horse : 77 %
Accuracy of  ship : 88 %
Accuracy of truck : 82 %
```

虽然和例4.2数据拟合的 95%以上的精确度不能比,但考虑到这些图像的识别比数字笔迹识别要困难得多,得到 75.55%的交叉验证精确度已经很不错了. 随机分类的精确度平均仅为 10%.

第 5 章　递归神经网络

5.1　递归神经网络 (RNN) 简介

5.1.1　基本思路

首先, 这里的递归神经网络 (recurrent neural network, RNN) 往往和译为循环神经网络的 recursive neural networks (也简写为 RNN) 相混淆, 其实后者可以说是前者的推广.

递归神经网络 (RNN) 的特点是以上一步的输出作为当前步骤的输入. 在传统的神经网络中, 所有输入和输出都是相互独立的, 但在自然语言处理时, 如果需要预测句子的下一个词, 则需要记住前面的词. 于是 RNN 就出现了, 隐藏层帮助解决了这个问题. RNN 的主要和最重要的功能是隐藏状态 (hidden state), 它记住有关序列的一些信息.

RNN 是如何实施的呢? 在每一步, RNN 记住在生成输出时从前一步的输入中学到的一些东西. RNN 可以采用一个或多个输入向量并生成一个或多个输出向量, 输出不仅受对普通神经网络等输入施加的权重的影响, 还受基于先前输入/输出的表示上下文的隐藏状态或输出状态向量的影响. 因此, 根据序列中的先前输入, 相同的输入可以产生不同的输出.

图5.1.1是反映在各层的 RNN 单元格 (cell)、隐藏状态、输入及输出之间关系的序贯流程示意图. 和传统的同时接收固定数量的输入数据并且每次都产生固定数量的输出前馈神经网络相比, RNN 的主要不同在于模型如何获取输入数据. 一方面, RNN 同时接收固定数量的输入数据, 每次都产生固定数量的输出. 另一方面, RNN 不会一次消耗所有输入数据, 而是一次又一次地将它们连接在一起. 在产生输出之前, RNN 在每一步都要进行一系列计算, 然后, 将称为隐藏状态的输出与序列中的下一个输入组合以产生另一个输出. 这个过程一直持续到模型编程完成或输入序列结束为止.

图5.1.1显示, 每个时间步长的计算都以隐藏状态的形式考虑了以前步骤的信息. 能够使用先前输入的信息是 RNN 成功解决序贯问题的关键要素. 尽管在图中每个时间步长似乎都使用了不同的 RNN 单元格, 但 RNN 的基本原理是 RNN 单元格实际上是完全相同的, 并且在整个过程中可以重复使用.

图5.1.1中画了很多输出 (output), 实际上这是根据问题来决定的. 从 RNN 的哪一部分提取输出实际上取决于应用. 比如, 用 RNN 进行分类时, 在传递所有输入后只需要一个最终输出, 即一个代表各类概率的向量; 而如果用 RNN 做自然语言识别, 如果要想根据前一个字符或单词生成文本, 则每个时间步长都需要一个输出.

因此, 图5.1.1显示的 RNN 的输入输出是非常灵活的. 人们可以适应需求选择不同形式的输入和输出的大小及在 RNN 中的位置, 也就是说, 图5.1.1中的输出可以根据需要来取舍.

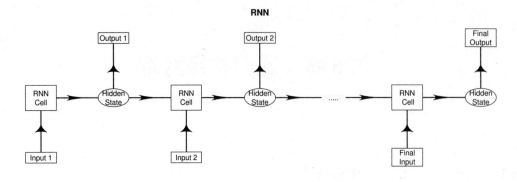

图 5.1.1   RNN 序贯流程示意图

5.1.2 前向传播的数学描述

考虑一个具有输入层、隐藏层及输出层的神经网络. 记 $\boldsymbol{x}_t$ 为第 t 次输入向量, $\boldsymbol{W}_h$ 为隐藏层加到输入向量 $\boldsymbol{x}_t$ 的权重矩阵 (这里包含了常数项), $\boldsymbol{h}_t$ 为第 t 次隐藏层输出向量, $\boldsymbol{y}_t$ 为第 t 次输出向量, $\boldsymbol{U}_h$ 为隐藏层加到前一个隐藏层输出 $\boldsymbol{h}_{t-1}$(Elman 形式) 或者前一次输出向量 $\boldsymbol{y}_{t-1}$(Jordan 形式) 的权重矩阵, σ_h 和 σ_y 分别代表隐藏层和输出层的激活函数. 下面就是 Elman 和 Jordan 两种 RNN 的公式.

1. Elman 网络:

$$\boldsymbol{h}_t = \sigma_h(\boldsymbol{W}_h\boldsymbol{x}_t + \boldsymbol{U}_h\boldsymbol{h}_{t-1});$$
$$\boldsymbol{y}_t = \sigma_y(\boldsymbol{W}_y\boldsymbol{h}_t).$$

2. Jordan 网络:

$$\boldsymbol{h}_t = \sigma_h(\boldsymbol{W}_h\boldsymbol{x}_t + \boldsymbol{U}_h\boldsymbol{y}_{t-1});$$
$$\boldsymbol{y}_t = \sigma_y(\boldsymbol{W}_y\boldsymbol{h}_t).$$

显然, 每一次输入观测值 $\boldsymbol{x}_t$, 在加权时都保留了前一次隐藏层状态 $\boldsymbol{h}_{t-1}$ 或者输出层状态 $\boldsymbol{y}_{t-1}$ 的信息.

以上呈现的这些计算只是 RNN 单元格如何进行计算的简单表示, 对于更高级的 RNN 结构, 例如 LSTM、GRU 等, 计算通常要复杂得多.

5.1.3 RNN 的反向传播

RNN 的反向传播和其他神经网络没有什么区别. 对于每条训练数据相应得到一个对真实数据的猜测, 在和准确答案比较后可计算出该过程的损失, 然后可以计算损耗函数的梯度并据此相应地更新模型中的权重, 以便将来使用输入数据进行的计算产生更准确的结果.

尽管看起来每个 RNN 单元格似乎都使用了不同的权重, 但实际上所有权重实际上都与该 RNN 单元格在整个过程中被重复使用的权重相同. 因此, 在每个时间步长中, 只有输入数据和隐藏状态是独特的.

5.1.4 RNN 语言处理的一个微型例子

在大多数自然语言处理 (natural language processing, NLP) 任务中, 神经网络的文本数据通常会转换成其他形式, 一般会将文本数据预处理为简单的字符级的**独热编码**或**一位有效编码** (one-hot encoding). 所谓的独热编码和统计中把分类变量的各个类 (水平) 哑元化是一样的, 目的是把每个字符和 0/1 组成的向量联系起来.

下面考虑一个极端简单的例子. 我们有几句话用以训练 RNN, 然后用前面的字预测后面的字.

首先输入必要的模块:

```
import torch
from torch import nn
import numpy as np
```

原始文字数据及编码

曹操的《短歌行》的前八句为 "对酒当歌, 人生几何! 譬如朝露, 去日苦多. 慨当以慷, 忧思难忘. 何以解忧? 唯有杜康". 下面把每个字和一个整数做一一对应, 并形成两个方向的字典:

```
Text = ['对酒当歌', '人生几何', '譬如朝露', '去日苦多','慨当以慷',
        '忧思难忘', '何以解忧', '唯有杜康 ']
Chars = set(''.join(Text))
Int2char = dict(enumerate(Chars))
Char2int = {c: i for i, c in Int2char.items()}

print(Chars,'\n',Char2int,'\n',Int2char)
```

上面把第 8 句故意加一个空格, 是为了把空格也编码, 这是下面补齐后所需要的. 对于拼音文字, 每句话中自然有词之间的空格, 不用多此一举. 输出为:

```
{'何', '以', '苦', '去', '解', '譬', '慨', '难', '人', ' ', '慷', '日',
 '露', '酒', '忧', '思', '生', '康', '有', '唯', '朝', '忘', '如', '多',
 '几', '歌', '当', '杜', '对'}
{'何': 0, '以': 1, '苦': 2, '去': 3, '解': 4, '譬': 5, '慨': 6, '难': 7,
 '人': 8, ' ': 9, '慷': 10, '日': 11, '露': 12, '酒': 13, '忧': 14,
 '思': 15, '生': 16, '康': 17, '有': 18, '唯': 19, '朝': 20, '忘': 21,
 '如': 22, '多': 23, '几': 24, '歌': 25, '当': 26, '杜': 27, '对': 28}
{0: '何', 1: '以', 2: '苦', 3: '去', 4: '解', 5: '譬', 6: '慨', 7: '难',
 8: '人', 9: ' ', 10: '慷', 11: '日', 12: '露', 13: '酒', 14: '忧',
 15: '思', 16: '生', 17: '康', 18: '有', 19: '唯', 20: '朝', 21: '忘',
 22: '如', 23: '多', 24: '几', 25: '歌', 26: '当', 27: '杜', 28: '对'}
```

把句子补成相同长度

由于句子长短不一, 用空格把句子补成相同长度:

```
Maxlen = len(max(Text, key=len))
for i in range(len(Text)):
    while len(Text[i])<Maxlen:
        Text[i] += ' '

for i in Text:
    print(i,'length=',len(i))
```

上面代码中的 len(max(Text, key=len) 等同于 max([len(x) for x in Text]).
输出为 (几句都补成最大长度 4):

```
对 酒 当 歌 length= 4
人 生 几 何 length= 4
譬 如 朝 露 length= 4
去 日 苦 多 length= 4
慨 当 以 慷 length= 4
忧 思 难 忘 length= 4
何 以 解 忧 length= 4
唯 有 杜 康 length= 4
```

确定输入数据 (并哑元化) 及目标数据

由于我们的目的是给了前面一个字来预测后面的, 因此输入序列去掉每句的最后一个字, 而目标序列去掉第一个字:

```
Input = []
Target = []
for i in range(len(Text)):
    Input.append(Text[i][:-1]) #输入去掉最后一个字
    Target.append(Text[i][1:]) #输出去掉第一个字
    print("Input: {}; Target: {}".format(Input[i], Target[i]))
```

输出为 (注意已经把 3 个字的词填补成 4 个):

```
Input: 对 酒 当; Target: 酒 当 歌
Input: 人 生 几; Target: 生 几 何
Input: 譬 如 朝; Target: 如 朝 露
Input: 去 日 苦; Target: 日 苦 多
Input: 慨 当 以; Target: 当 以 慷
Input: 忧 思 难; Target: 思 难 忘
Input: 何 以 解; Target: 以 解 忧
```

Input: 唯有杜; Target: 有杜康

文字字符在计算机中不好用, 转换成整数代码:

```
for i in range(len(Text)):
    Input[i] = [Char2int[c] for c in Input[i]]
    Target[i] = [Char2int[c] for c in Target[i]]

print(Input,'\n',Target)
```

成为整数序列:

```
[[27, 12, 25], [8, 15, 23], [5, 21, 19], [3, 10, 2], [6, 25, 1],
[13, 14, 7], [0, 1, 4], [18, 17, 26]]
[[12, 25, 24], [15, 23, 0], [21, 19, 11], [10, 2, 22], [25, 1, 9],
[14, 7, 20], [1, 4, 13], [17, 26, 16]]
```

其中的输入必须哑元化:

```
Dict_size = len(Char2int)
Seq_len = Maxlen - 1
Batch_size = len(Text)

def GetDummies(sequence, dict_size, seq_len, batch_size):
    features = np.zeros((batch_size, seq_len, dict_size), dtype=np.float32)
    for i in range(batch_size):
        for u in range(seq_len):
            features[i, u, sequence[i][u]] = 1
    return features

Input =GetDummies(Input, Dict_size, Seq_len, Batch_size)

Input = torch.from_numpy(Input)
Target = torch.Tensor(Target)

Input[:2], Target
```

上面代码中的函数 torch.from_numpy 保持原来的对象的类型和存储位置, 而另一个函数 torch.Tensor 把数据类型转换成浮点型, 不占有原来对象的位置. 这两个函数都产生 torch.Tensor 对象. 哑元化的输入 (只选了 Input 的前 3 行) 及目标 (Target) 为:

```
(tensor([[[0., 0., 0., 0., 0., 0., 0., 0., 0., 0., 0., 0., 0., 0., 0., 0.,
          0., 0., 0., 0., 0., 0., 0., 0., 0., 0., 0., 1.],
         [0., 0., 0., 0., 0., 0., 0., 0., 0., 0., 0., 0., 1., 0., 0., 0., 0.,
          0., 0., 0., 0., 0., 0., 0., 0., 0., 0., 0.],
         [0., 0., 0., 0., 0., 0., 0., 0., 0., 0., 0., 0., 0., 0., 0., 0., 0.,
          0., 0., 0., 0., 0., 1., 0., 0.]],

        [[0., 0., 0., 0., 0., 0., 0., 0., 1., 0., 0., 0., 0., 0., 0., 0.,
```

```
         0., 0., 0., 0., 0., 0., 0., 0., 0., 0., 0.],
        [0., 0., 0., 0., 0., 0., 0., 0., 0., 0., 0., 0., 0., 0., 1., 0.,
         0., 0., 0., 0., 0., 0., 0., 0., 0., 0., 0.],
        [0., 0., 0., 0., 0., 0., 0., 0., 0., 0., 0., 0., 0., 0., 0., 0.,
         0., 0., 0., 0., 0., 0., 1., 0., 0., 0., 0.]]]),
 tensor([[12., 25., 24.],
        [15., 23.,  0.],
        [21., 19., 11.],
        [10.,  2., 22.],
        [25.,  1.,  9.],
        [14.,  7., 20.],
        [ 1.,  4., 13.],
        [17., 26., 16.]]))
```

注意输入数据的维数为 $8 \times 3 \times 28$ (代码 Input.size()). 这实际上代表了 8 句话, 每句话 3 个字 (输入数据 Input), 而这 8 个 3×28 矩阵就是先前整数化矩阵所对应的 8 个哑元化矩阵:

```
[[27, 12, 25], [8, 15, 23], [5, 21, 19], [3, 10, 2], [6, 25, 1],
 [13, 14, 7], [0, 1, 4], [18, 17, 26]]
```

这意味着在 Input 矩阵的第 0 行中的第 27, 12, 25 列的值分别为 1, 在第 1 行中第 8, 15, 23 列的值分别为 1, 第 2 行中第 5, 21, 19 列的值为 1, 等等.

定义一个隐藏层的 RNN 模型

下面定义一个隐藏层的 RNN 模型.

```python
class Model(nn.Module):
    def __init__(self, input_size, output_size, hidden_dim, n_layers):
        super(Model, self).__init__()
        self.hidden_dim = hidden_dim
        self.n_layers = n_layers
        self.rnn = nn.RNN(input_size, hidden_dim, n_layers, batch_first=True)
        self.fc = nn.Linear(hidden_dim, output_size)

    def init_hidden(self, batch_size):
        hidden = torch.zeros(self.n_layers, batch_size, self.hidden_dim).to(device)
        return hidden

    def forward(self, x):
        batch_size = x.size(0)
        hidden = self.init_hidden(batch_size)
        out, hidden = self.rnn(x, hidden)
        out = out.contiguous().view(-1, self.hidden_dim)
        out = self.fc(out)
        return out, hidden

device = torch.device("cuda" if torch.cuda.is_available() else "cpu")
net = Model(input_size=Dict_size, output_size=Dict_size, hidden_dim=12, n_layers=1)
net = net.to(device)
```

```
n_epochs = 100
lr=0.01
criterion = nn.CrossEntropyLoss()
optimizer = torch.optim.Adam(net.parameters(), lr=lr)
```

训练及预测

训练过程代码为：

```
Input = Input.to(device)
for epoch in range(1, n_epochs + 1):
    optimizer.zero_grad() # 清理前一个纪元的梯度记录
    output, hidden = net(Input)
    output = output.to(device)
    Target = Target.to(device)
    loss = criterion(output, Target.view(-1).long())
    loss.backward() # 反向传播计算梯度
    optimizer.step() # 更新权重

    if epoch%20 == 0:
        print('Epoch: {}/{}.............'.format(epoch, n_epochs), end=' ')
        print("Loss: {:.4f}".format(loss.item()))
```

输出的过程为：

```
Epoch: 20/100............. Loss: 2.2611
Epoch: 40/100............. Loss: 0.8871
Epoch: 60/100............. Loss: 0.2514
Epoch: 80/100............. Loss: 0.0991
Epoch: 100/100............. Loss: 0.0582
```

预测所需函数为：

```
def predict(model, character):
    character = np.array([[Char2int[c] for c in character]])
    character = GetDummies(character, Dict_size, character.shape[1], 1)
    character = torch.from_numpy(character)
    character = character.to(device)

    out, hidden = model(character)

    prob = nn.functional.softmax(out[-1], dim=0).data
    char_ind = torch.max(prob, dim=0)[1].item()

    return Int2char[char_ind], hidden

def sample(model, out_len, start='对'):
```

```
    model.eval() # eval mode
    chars = [ch for ch in start] #如果输入字符串多于一个则成多元素list
    size = out_len - len(chars)
    for ii in range(size): # 对多个字循环每次chars增加一个预测值
        char, h = predict(model, chars)
        chars.append(char)
    return ''.join(chars)
```

最终, 我们试着输入一些字, 看预测结果.

```
z=['对','人','譬','去','何','唯']
for i in z:
    print(sample(net, 4, i))
```

输出为:

```
对 酒 当 歌
人 生 几 何
譬 如 朝 露
去 日 苦 多
何 以 解 忧
唯 有 杜 康
```

对于如此简单的句子得到这些结果没有什么了不起, 因为小学生都能够做到, 只有对于复杂的文字数据, 计算机才能显示其能力.

5.1.5 哑元化/独热编码及嵌入

为了便于计算机处理, 前面介绍了把文字数据转换成哑元式的独热编码, 如 Python, R, SAS, SPSS, Matlab 等软件, 可以用哑元式的向量表示, 比如 (每个向量后面仍然可以随意加很多 0):

$$Python: \quad [1, 0, 0, 0, 0]$$
$$R: \quad [0, 1, 0, 0, 0]$$
$$SAS: \quad [0, 0, 1, 0, 0]$$
$$SPSS: \quad [0, 0, 0, 1, 0]$$
$$Matlab: \quad [0, 0, 0, 0, 1]$$

但是这种表现形式使得前述各个软件显得毫无关系, 它们的两两内积均为 0. 实际上这些软件的关系是有亲疏的, 如果根据其他一些性质 (这里用假想打分) 来表示则会形成若干实数, 这里仅列举了 3 个特征 (与开源、菜单式、使用人数有关) 的向量. 这种对每个字符串形成实数向量的做法称为嵌入 (embedding).

	开源	菜单式	使用人数
Python	100.0	0.0	100.0
R	100.0	4.0	90.0
SAS	−100.0	90.0	3.0
SPSS	−100.0	90.0	1.0
Matlab	−100.0	10.0	7.0

容易计算, 上面关于几个软件的嵌入所得的实数向量之间的夹角为:

	Python	R	SAS	SPSS	Matlab
Python	0.00	0.06	2.11	2.12	2.28
R	0.06	0.00	2.11	2.13	2.33
SAS	2.11	2.11	0.00	0.01	0.63
SPSS	2.12	2.13	0.01	0.00	0.64
Matlab	2.28	2.33	0.63	0.64	0.00

这里, 两个向量 $\boldsymbol{a}, \boldsymbol{b}$ 之间的夹角定义为:

$$\theta = \arccos\left(\frac{\boldsymbol{a}\cdot\boldsymbol{b}}{\|\boldsymbol{a}\|\|\boldsymbol{b}\|}\right).$$

向量之间的夹角反映了向量之间的相似度, 夹角越小越相似 (最大夹角为 π). 使用嵌入来进行数据分析会使用更多的信息, 因而结果也会更准确.

当然, 像上面的手工嵌入在实际应用中是不可行的. 通常是随机赋值, 然后经过数据迭代训练得到比较客观的嵌入向量.

嵌入的微型例子

首先创造整数和字符之间的对应:

```
from collections import Counter
import torch.nn as nn
sentences='对 酒 当 歌, 人生 几何, 譬如 朝露, 去日 苦 多'

words = sentences.split(' ')
vocab = Counter(words) # 生成字典
vocab = sorted(vocab, key=vocab.get, reverse=True)
vocab_size = len(vocab)

word2idx = {word: ind for ind, word in enumerate(vocab)}
encoded_sentences = [word2idx[word] for word in words]
```

```
print(vocab,'\n',word2idx,'\n',encoded_sentences)
```

输出第一行为重新排序后的 (不重复) 字符 (11 个), 第二行为字典 (从字符查编号), 第三行为按照原来句子顺序的 11 个字符编号.

```
['对', '酒', '当', '歌,', '人生', '几何,', '譬如', '朝露,', '去日', '苦', '多']
{'对': 0, '酒': 1, '当': 2, '歌,': 3, '人生': 4, '几何,': 5, '譬如': 6, '朝露,': 7,
 '去日': 8, '苦': 9, '多': 10}
[0, 1, 2, 3, 4, 5, 6, 7, 8, 9, 10]
```

下面进行一次嵌入:

```
import torch
import torch.nn as nn
emb_dim = 4 # embedding 维数
emb_layer = nn.Embedding(vocab_size, emb_dim)
word_vectors = emb_layer(torch.LongTensor(encoded_sentences))
word_vectors
```

输出的 11 个嵌入 (行) 向量为:

```
tensor([[-5.3630e-01,  2.4876e+00,  9.2383e-01,  4.0090e-01],
        [ 1.4975e+00,  1.9434e-01,  5.8693e-01,  1.1243e+00],
        [-5.8695e-01,  1.9134e-01,  1.4123e-03,  2.7446e+00],
        [-2.8238e-01,  8.6852e-01,  6.5974e-01, -9.1982e-01],
        [ 1.2818e+00,  5.0429e-01,  9.3156e-01,  8.7997e-01],
        [ 3.7839e-01,  9.4637e-01,  6.3996e-01, -5.6197e-01],
        [-4.5567e-01,  4.8064e-01,  1.0400e+00,  1.3852e-01],
        [ 1.8859e-02,  1.3166e+00,  6.6605e-03, -8.3397e-01],
        [-1.8126e+00, -4.1362e-01,  2.0574e+00,  7.1536e-01],
        [ 5.1294e-01,  5.9415e-01,  2.6078e-01,  6.6656e-01],
        [-8.6669e-01, -9.6229e-01, -3.8896e-01,  7.6381e-01]],
        grad_fn=<EmbeddingBackward>)
```

这里权重是自动随机设定的, 也可通过 nn.Embedding.from_pretrained(weight) 使用事先设定的权重:

```
weight = torch.FloatTensor([[0.9, 0.8, 0.3,0.6],[0.1,0.7,0.6,2.0],
                            [0.7, 0.6, 0.6,0.1],[0.3,0.7,0.9,1.0]])
print(weight.shape)
embedding = nn.Embedding.from_pretrained(weight)
embedding(torch.LongTensor([2, 0, 1,3]))
```

从输出可见这 4 个输入 ([2, 0, 1, 3]) 完全按照所给权重得到嵌入向量:

```
torch.Size([4, 4])
tensor([[0.7000, 0.6000, 0.6000, 0.1000],
        [0.9000, 0.8000, 0.3000, 0.6000],
        [0.1000, 0.7000, 0.6000, 2.0000],
        [0.3000, 0.7000, 0.9000, 1.0000]])
```

输入的 [2, 0, 1, 3] 分别相应于 weight[2], weight[0], weight[1], weight[3].

5.1.6 长期依赖造成的消失梯度问题

RNN 的吸引力之一是可以将先前的信息连接到当前任务, 例如, 考虑一种语言模型, 该模型试图根据前一个单词预测下一个单词. 在这种情况下, 相关信息与所需信息之间的差距很小, RNN 可以学习使用过去的信息. 但是在某些情况下, 我们需要更多的上下文. 这就造成了相关信息与需要扩大的点之间的距离. 遗憾的是, 随着距离的扩大, RNN 变得无法学习. 其原因在于可能存在的梯度消失/爆炸的问题. 在训练期间通过 RNN 向后传播时会出现此问题, 尤其是对于具有较深层的网络而言. 由于链法则, 在反向传播过程中, 梯度必须经过连续的矩阵乘法, 从而导致梯度以指数形式收缩 (消失) 或以指数形式膨胀 (爆炸). 梯度太小会阻止权重更新和学习, 而极大的梯度会导致模型不稳定.

由于这些问题, RNN 无法使用更长的序列并且无法保持长期依赖关系, 从而使其遭受 "短期记忆" 的困扰. 梯度爆炸问题可以很容易处理, 但消失梯度问题则不那么容易解决. 幸运的是, 作为 RNN 特例的长短期记忆网络 (LSTM) 不存在这个问题.

5.2　长短期记忆网络 (LSTM)

5.2.1　LSTM 原理

长短期记忆网络 (long short term memory networks, LSTM) 是一种特殊的 RNN, 能够学习长期依赖关系. 长时间记住信息实际上是默认行为, 而不是要努力学习的东西. LSTM 在处理各种各样的问题上表现出色, 已被广泛使用.

LSTM 与标准前馈神经网络 (feedforward neural·networks) 不同, LSTM 具有反馈连接 (feedback connections). 它不仅可以处理单个数据点 (如图像), 还可以处理整个数据序列 (如语音或视频). 例如, LSTM 适用于未分段并连接的手写识别、语音识别和网络流量或入侵检测系统中的异常检测等任务. 在众多应用中, 对间隙长度的相对不敏感成就了 LSTM 相对于 RNN、隐藏 Markov 模型和其他序列学习方法的优势.

常见的 LSTM 单元 (unit) 由单元格 (cell)、输入门 (input gate)、输出门 (output gate) 和忘记门 (forget gate) 组成. 单元格记住任意时间间隔的值, 负责跟踪输入序列中元素之间的依赖性; 输入门控制新值流入单元格的程度; 忘记门控制在单元格中保留值的程度; 输出门控制单元格中的值用于计算输出的程度. LSTM 单元格的某些变形没有这些门中的一个或多个, 但可能有其他类型的门. 例如, 门控递归单元 (gated recurrent unit, GRU) 就没有输出门. LSTM 门的激活函数通常是 S 型函数. 在进出 LSTM 门的连接中, 有一些是递归的. 这些在训练过程中需要学习的连接权重决定了闸门的工作方式.

5.2.2 LSTM 的公式和单元格示意图

下面是关于 LSTM 单元格的公式 (参见图5.2.1):

$$\boldsymbol{f}_t = \sigma_g(\boldsymbol{W}_f \boldsymbol{x}_t + \boldsymbol{U}_f \boldsymbol{h}_{t-1}); \tag{5.2.1}$$

$$\boldsymbol{i}_t = \sigma_g(\boldsymbol{W}_i \boldsymbol{x}_t + \boldsymbol{U}_i \boldsymbol{h}_{t-1}); \tag{5.2.2}$$

$$\boldsymbol{o}_t = \sigma_g(\boldsymbol{W}_o \boldsymbol{x}_t + \boldsymbol{U}_o \boldsymbol{h}_{t-1}); \tag{5.2.3}$$

$$\tilde{\boldsymbol{c}}_t = \sigma_h(\boldsymbol{W}_c \boldsymbol{x}_t + \boldsymbol{U}_c \boldsymbol{h}_{t-1}); \tag{5.2.4}$$

$$\boldsymbol{c}_t = \boldsymbol{f}_t \odot \boldsymbol{c}_{t-1} + \boldsymbol{i}_t \odot \tilde{\boldsymbol{c}}_t; \tag{5.2.5}$$

$$\boldsymbol{h}_t = \boldsymbol{o}_t \odot \sigma_h(\boldsymbol{c}_t). \tag{5.2.6}$$

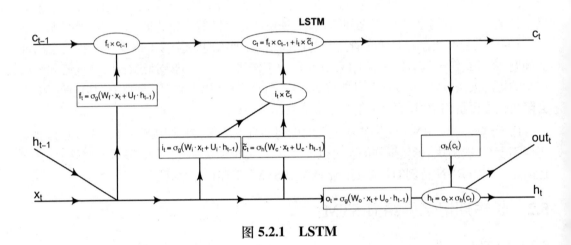

图 5.2.1　LSTM

下面解释上面公式的意义. 记 d 和 h 分别代表输入变量个数及隐藏层节点数. 矩阵 $\boldsymbol{W} \in \mathbb{R}^{h \times d}$ 和 $\boldsymbol{U} \in \mathbb{R}^{h \times h}$ 分别代表了输入连接和递归连接的权重, 这些权重包括了常数项, 各个权重的下标字母标记了输入门 ($\boldsymbol{i}$), 输出门 ($\boldsymbol{o}$), 忘记门 ($\boldsymbol{f}$) 或存储单元 ($\boldsymbol{c}$). 下标 t 代表时间或步数. 公式中的激活函数 σ_g 为诸如 logistic 函数那样的 S 型函数, 而 σ_h 可以取双曲正切函数 tanh. 初始值可以为 $c_0 = 0$ 和 $h_0 = 0$, 算子 $\odot$ 表示 Hadamard 乘积 (元素对元素乘积). 上面公式中各 (用小写字母表示的) 向量的意义及所属的空间为:

1. 输入 LSTM 单元的向量: $\boldsymbol{x}_t \in \mathbb{R}^d$.
2. 忘记门激活后的向量: $\boldsymbol{f}_t \in \mathbb{R}^h$ (式 (5.2.1)).
3. 输入 (更新) 门激活后的向量: $\boldsymbol{i}_t \in \mathbb{R}^h$ (式 (5.2.2)).
4. 输出门激活后的向量: $\boldsymbol{o}_t \in \mathbb{R}^h$ (式 (5.2.3)).
5. 隐藏状态向量: $\boldsymbol{h}_t \in \mathbb{R}^h$ (式 (5.2.6)).
6. 单元格输入激活后向量: $\tilde{\boldsymbol{c}}_t \in \mathbb{R}^h$ (式 (5.2.4)).
7. 单元格状态向量: $\boldsymbol{c}_t \in \mathbb{R}^h$ (式 (5.2.5)).

图5.2.1为与式 (5.2.1) 至式 (5.2.6) 对应的单元格示意图, 图中的乘号对应于上面公式中的 Hadamard 乘积符号 "$\odot$".

5.2.3 LSTM 的机理

1. 考虑从单元格舍弃的信息.

   这由一个 S 型激活函数层忘记门决定. 在观察了 h_{t-1} 和 x_t 之后, 运算 $f_t = \sigma_g(W_f x_t + U_f h_{t-1})$ 对每一个单元格状态 c_{t-1} 输出了一个在 0 和 1 之间的数目, 输出 1 代表完全保留它, 而输出 0 则代表完全舍弃它.

2. 考虑从单元格状态保留的信息并更新.

   这里有两部分, 其中一部分是经过 S 型激活函数的输入门 $i_t = \sigma_g(W_i x_t + U_i h_{t-1})$, 它确定哪些值需要更新, 另一部分是 σ_h 激活函数产生的候选向量 $\tilde{c}_t = \sigma_h(W_c x_t + U_c h_{t-1})$, 它可以加到单元格状态上. 我们把这两部分结合: $i_t \odot \tilde{c}_t$, 并以此来更新旧状态 c_{t-1}, 把旧状态乘上 f_t 来忘掉决定舍弃的信息, 然后加上 $i_t \odot \tilde{c}_t$, 这样就更新了每个状态的值: $c_t = f_t \odot c_{t-1} + i_t \odot \tilde{c}_t$.

3. 需要确定输出的信息.

   最后需要确定输出什么信息, 这必须基于单元格的过滤后状态 $\sigma_h(c_t)$, 得到 -1 和 1 之间的值, 并和输出门状态 $o_t = \sigma_g(W_o x_t + U_o h_{t-1})$ 相乘以输出我们确定要输出的: $h_t = o_t \odot \sigma_h(c_t)$.

5.2.4 LSTM 的一些变化形式

在实际应用中产生了许多 LSTM 版本, 它们用不同方法解决长期依赖性. 研究表明, 这些版本区别并不大, 仅仅是某些方法在某些特定任务上比原有的 LSTM 更好. 下面介绍其中的几种:

1. 窥视孔 LSTM. 这里加了 "窥视孔" (peehole), 称为窥视孔连接, 也就是各个门都可以查看单元格状态. 下面是每个门都可查看的公式, 但实际上可能只有部分门有窥视孔.

$$f_t = \sigma_g(W_{fc} c_{t-1} + W_f x_t + U_f h_{t-1});$$
$$i_t = \sigma_g(W_{fi} c_{t-1} + W_i x_t + U_i h_{t-1});$$
$$o_t = \sigma_g(W_{fo} c_t + W_o x_t + U_o h_{t-1}).$$

2. 耦合忘记门和输入门. 把忘记门和输入门耦合, 可以使得两者同时决定, 而不是分别决定要忘记什么以及应该向其中添加什么新信息. 我们只会在要输入某些内容时才忘记它, 也只有在忘记较旧的内容时才向状态输入新值: $c_t = f_t \odot c_{t-1} + (1 - f_t) \odot \tilde{c}_t$.

3. 门控递归单元. 门控递归单元 (gated recurrent unit, GRU) 将忘记门和输入门合并为一个 "更新门" (update gate). 它还合并了单元状态和隐藏状态及其他一些更改. 生成的模型比标准 LSTM 模型更简单, 并且越来越流行.

$$z_t = \sigma_g(W_z x_t + U_f h_{t-1});$$
$$r_t = \sigma_g(W_r x_t + U_r h_{t-1});$$
$$\tilde{h}_t = \sigma_h\left[W_h x_t + U_h(r_t \odot h_{t-1})\right];$$
$$h_t = (1 - z_t) \odot h_{t-1} + z_t \odot \tilde{h}_t.$$

5.2.5 LSTM 的一个微型例子

考虑一个输入维数为 10、隐藏维数为 20, 一共 2 层的 LSTM. 输入数据为 $5 \times 3 \times 10$ (批次大小 × 序列长度 × 维数) 的数组, 初始及后续输出的隐藏状态和单元状态都是 $2 \times 3 \times 20$ (层数 × 序列长度 × 隐藏层维数), 输出为 $5 \times 3 \times 20$ (批次大小 × 序列长度 × 隐藏层维数) 的数组.

```python
rnn = nn.LSTM(10, 20, 2) #input_dim, hidden_dim, n_layers
torch.manual_seed(1010)
Input = torch.randn(5, 3, 10) # batch_size, seq_len, input_dim
h0 = torch.randn(2, 3, 20) #n_layers, batch_size, hidden_dim
c0 = torch.randn(2, 3, 20) #n_layers, batch_size, hidden_dim
output, (hn, cn) = rnn(Input, (h0, c0))

print('output.size={},\n size of (hn, cn)=({},{})'.format(output.size(),
    hn.size(),cn.size()))
```

LSTM 模型的输出有两部分: 一部分是上面的 output, 对于每个 t, 它包含各个 t 来自 LSTM 最后一层的输出特征的张量 h_t; 另一部分是 tuple(上面的 (hn, cn)), 其中第 1 个元素包含最后一个 $t = n$(t = seq_len) 的隐藏状态的张量 h_n, 而第 2 个元素为包含最后一个 $t = n$(t = seq_len) 的单元状态的张量 c_n. 它们的维度为:

```
output.size=torch.Size([5, 3, 20]),
  size of (hn, cn)=(torch.Size([2, 3, 20]),torch.Size([2, 3, 20]))
```

上面 output 的最后一个 3×20 子数组为 output[-1], 它等同于 hn[-1], 也可用等价的把高维数组降维的方式 output.squeeze()[-1, :] 来展示:

```python
o = output.squeeze()[-1, :]
print(o.shape,'\n',o)
```

输出为:

```
torch.Size([3, 20])
tensor([[-1.0960e-01,  4.5722e-02,  1.0352e-01, -9.3727e-02, -1.4929e-01,
          1.4392e-01,  3.4892e-02, -1.4209e-01,  2.7806e-02, -9.8101e-03,
         -2.0786e-02, -1.3259e-01,  1.1315e-01, -1.7163e-02,  3.1604e-02,
          1.8512e-04,  6.2479e-02,  2.9081e-03, -5.4018e-02,  7.5184e-02],
        [-1.3412e-01,  1.2913e-02,  1.7029e-01, -8.0695e-02, -7.2440e-02,
          9.7708e-02, -2.4272e-02, -8.1588e-02,  6.6754e-02,  3.6014e-02,
          1.0842e-02, -1.0665e-01,  1.2948e-01, -4.2475e-02,  1.5328e-02,
          7.3622e-03,  7.5282e-02, -8.6665e-03, -5.2866e-02,  8.9747e-02],
        [-8.0154e-02,  4.6845e-02,  1.0121e-01, -6.3563e-02, -1.0733e-01,
          1.4816e-01,  5.4422e-02, -1.6079e-01, -3.9718e-02,  2.6982e-02,
         -8.6131e-02, -1.9261e-01,  1.0086e-01, -2.3770e-02, -1.3167e-02,
         -1.7888e-03,  1.2150e-01,  2.2248e-02, -7.7946e-02,  1.0253e-01]],
        grad_fn=<SliceBackward>)
```

5.3　LSTM 预测句子的例子

这是一个利用具有 1623 个笑话的数据 (reddit-cleanjokes.csv)[1] 来用部分语句预测后续语句的例子. 这个例子数据量少, 不大可能准确预测, 但作为 LSTM 神经网络学习的说明案例还是可以的, 其程序代码是完整的, 包括了前面诸如嵌入及 LSTM 微型例子中的各种元素.

5.3.1　模型

我们使用下面的 LSTM 模型:

```python
import torch
from torch import nn

class Model(nn.Module):
    def __init__(self, dataset):
        super(Model, self).__init__()
        self.lstm_size = 128
        self.embedding_dim = 128
        self.num_layers = 3

        n_vocab = len(dataset.uniq_words)
        self.embedding = nn.Embedding(
            num_embeddings=n_vocab,
            embedding_dim=self.embedding_dim,
        )
        self.lstm = nn.LSTM(
            input_size=self.lstm_size,
            hidden_size=self.lstm_size,
            num_layers=self.num_layers,
            dropout=0.2,
        )
        self.fc = nn.Linear(self.lstm_size, n_vocab)

    def forward(self, x, prev_state):
        embed = self.embedding(x)
        output, state = self.lstm(embed, prev_state)
        logits = self.fc(output)
        return logits, state

    def init_state(self, sequence_length):
        return (torch.zeros(self.num_layers, sequence_length, self.lstm_size),
                torch.zeros(self.num_layers, sequence_length, self.lstm_size))
```

其基本要素包含了嵌入及 LSTM:

```
Model(
  (embedding): Embedding(6925, 128)
  (lstm): LSTM(128, 128, num_layers=3, dropout=0.2)
  (fc): Linear(in_features=128, out_features=6925, bias=True)
```

---

[1] https://raw.githubusercontent.com/amoudgl/short-jokes-dataset/master/data/reddit-cleanjokes.csv.

```
)
```

5.3.2 数据输入

数据输入的类为 `torch.utils.data.Dataset` 的子类, 继承了其父类的特征:

```
import torch
import pandas as pd
from collections import Counter
class MyDataset(torch.utils.data.Dataset):
    def __init__(self, file_csv='reddit-cleanjokes.csv',sequence_length=4):

        self.file_csv=file_csv
        self.sequence_length = sequence_length
        self.words = self.load_words()
        self.uniq_words = self.get_uniq_words()

        self.index_to_word = {index: word for index, word in enumerate(self.uniq_words)}
        self.word_to_index = {word: index for index, word in enumerate(self.uniq_words)}

        self.words_indexes = [self.word_to_index[w] for w in self.words]

    def load_words(self):
        train_df = pd.read_csv(self.file_csv)
        text = train_df.iloc[:,1].str.cat(sep=' ')
        return text.split(' ')

    def get_uniq_words(self):
        word_counts = Counter(self.words)
        return sorted(word_counts, key=word_counts.get, reverse=True)

    def __len__(self):
        return len(self.words_indexes) - self.sequence_length

    def __getitem__(self, index):
        return (
            torch.tensor(self.words_indexes[index:index+self.sequence_length]),
            torch.tensor(self.words_indexes[index+1:index+self.sequence_length+1]),
        )
```

5.3.3 训练和预测的函数

用于训练和预测的函数定义如下:

```
import argparse
import torch
import numpy as np
from torch import nn, optim
from torch.utils.data import DataLoader

def Mytrain(dataset, model, batch_size=256,sequence_length=4,max_epochs=10):
```

```
    model.train()

    dataloader = DataLoader(dataset, batch_size=batch_size)
    criterion = nn.CrossEntropyLoss()
    optimizer = optim.Adam(model.parameters(), lr=0.001)

    for epoch in range(max_epochs):
        state_h, state_c = model.init_state(sequence_length)

        for batch, (x, y) in enumerate(dataloader):
            optimizer.zero_grad()

            y_pred, (state_h, state_c) = model(x, (state_h, state_c))
            loss = criterion(y_pred.transpose(1, 2), y)

            state_h = state_h.detach()
            state_c = state_c.detach()

            loss.backward()
            optimizer.step()
            if batch%50==43:
                print({ 'epoch': epoch, 'batch': batch, 'loss': loss.item() })

def predict(dataset, model, text, next_words=20):
    model.eval()

    words = text.split(' ')
    state_h, state_c = model.init_state(len(words))

    for i in range(0, next_words):
        x = torch.tensor([[dataset.word_to_index[w] for w in words[i:]]])
        y_pred, (state_h, state_c) = model(x, (state_h, state_c))

        last_word_logits = y_pred[0][-1]
        p = torch.nn.functional.softmax(last_word_logits, dim=0).detach().numpy()
        word_index = np.random.choice(len(last_word_logits), p=p)
        words.append(dataset.index_to_word[word_index])

    return words
```

5.3.4 实施训练并预测

实施训练:

```
dataset = MyDataset()
model = Model(dataset)
Mytrain(dataset, model)
```

输出一些监控结果(每个纪元取两个值),这里列出最后 3 个纪元的结果:

```
{'epoch': 7, 'batch': 43, 'loss': 6.28840970993042}
{'epoch': 7, 'batch': 93, 'loss': 5.675968170166016}
{'epoch': 8, 'batch': 43, 'loss': 6.138679504394531}
{'epoch': 8, 'batch': 93, 'loss': 5.545003890991211}
{'epoch': 9, 'batch': 43, 'loss': 5.98629903793335}
{'epoch': 9, 'batch': 93, 'loss': 5.451353549957275}
```

预测, 给出一个句子, 看训练后的模型如何续接:

```
print(predict(dataset, model, text='What do you call a flower in Florida?'))
```

输出为 (我们的预测函数默认要求输出 20 个词):

```
['What', 'do', 'you', 'call', 'a', 'flower', 'in', 'Florida?', 'kept', 'dancers',
 'dates.', '"Help!', 'meet', 'an', 'making', "You've", 'had', 'to', '2',
 'her.', 'Why', 'do', 'did', 'the', 'most', 'Physics?', 'of', 'outside']
```

正如预期的, 结果并不理想, 因为数据量太小.

5.4 门控递归网络 (GRU)

5.4.1 GRU 的基本思路

门控递归网络 (gated recurrent unit, GRU) 是比 LSTM 更新的递归网络, 速度更快. GRU 和 LSTM 都包含门, 这两种结构之间的主要区别在于门的数量及其特定角色. GRU 中更新门的作用与 LSTM 中的输入门和忘记门非常相似. 但这两者之间对添加到网络的新存内容的控制有所不同.

在 LSTM 中, 忘记门确定要保留先前单元状态 (cell state) 的哪一部分, 而输入门确定要添加需要记忆信息的数量. 这两个门相互独立, 这意味着通过输入门添加的新信息量完全独立于通过忘记门保留的信息.

对于 GRU, 更新门不但负责确定要保留以前记忆的哪些信息, 还负责控制要添加的新记忆. 这意味着 GRU 中先前保留的记忆以及添加的新信息并不是独立的.

两个结构之间的另一个主要区别是 GRU 中没有单元状态. LSTM 将其长期依赖性存储在单元状态中, 将短期记忆存储在隐藏状态中, 而 GRU 则将它们都存储在单个隐藏状态中. 但是, 就保留长期信息的有效性而言, 两种架构都已被证明可以有效地实现这一目标.

5.4.2 GRU 的公式

对于输入序列中的每个元素, 每个层都会实现以下功能, 这里符号的意义类似于5.2.2节的式 (5.2.1) 至式 (5.2.6).

$$r_t = \sigma_g(\boldsymbol{W}_r \boldsymbol{x}_t + \boldsymbol{U}_r \boldsymbol{h}_{t-1});\tag{5.4.1}$$

$$z_t = \sigma_g(\boldsymbol{W}_z \boldsymbol{x}_t + \boldsymbol{U}_z \boldsymbol{h}_{t-1});\tag{5.4.2}$$

$$n_t = \sigma_h \left[\boldsymbol{W}_n \boldsymbol{x}_t + r_t \odot (\boldsymbol{W}_n \boldsymbol{h}_{t-1})\right];\tag{5.4.3}$$

$$h_t = (1 - z_t) \odot n_t + z_t \odot \boldsymbol{h}_{t-1}.\tag{5.4.4}$$

其中, $\boldsymbol{h}_t$ 为在时间 t 的隐藏状态, $\boldsymbol{x}_t$ 为在时间 t 的输入, $\boldsymbol{h}_{t-1}$ 为在时间 $t-1$ 的隐藏状态或者初始隐藏状态 $(t-1=0)$, r_t, z_t, n_t 分别为重置门、更新门及新门. σ_g 为 S 型激活函数, 而 σ_h 通常是取双曲正切 tanh 那样的激活函数, $\odot$ 为元素对元素乘积 (即 Hadamard 积). 在多层 GRU, 在第 l 层 (这里 $l \geqslant 2$) 的输入 $\boldsymbol{x}_t^{(l)}$ 为前面一层的隐藏层状态 $\boldsymbol{h}_t^{(l-1)}$ 乘以称为舍弃 (dropout) 的 Bernoulli 随机变量 $\delta_t^{(l-1)}$ (取值为 0 或 1, 而其等于 0 的概率在一般软件中默认为 0).

图5.4.1显示了上面的关系.

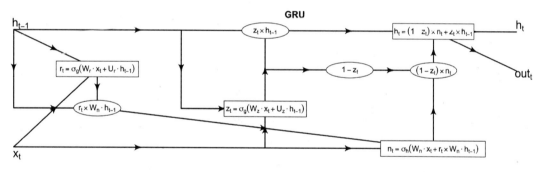

图 5.4.1　GRU

5.4.3 PyTorch 函数的各种维度

一个容易出错的问题是 PyTorch 网络的各种维度. 为便于说明, 举一个具体的 GRU 函数的简单例子, 其他的 RNN(诸如 LSTM) 模型的例子与此类似. 注意各种维度的次序:

```
batch_size = 5
input_size = 10
num_layers = 2
hidden_size = 20
seq_len = 3
rnn = nn.GRU(input_size, hidden_size, num_layers)
# nnGRU(10,20,2)
inp = Variable(torch.randn(batch_size, seq_len, input_size))
# (5, 3, 10)
```

```
h0 = Variable(torch.randn(num_layers, seq_len, hidden_size))#初始hn
# (2, 3, 20)
output, hn = rnn(inp, h0)
```

上面的部分代码的意义如下:

1. `batch_size` 意味着每次进入迭代的数据的批次大小.
2. `input_size` 意味着每次进入迭代的数据的变量 (特征) 个数.
3. `num_layers` 为循环层数. 例如, 设置 `num_layers = 2` 意味着将两个 GRU 堆叠在一起以形成堆叠的 GRU, 而第二个 GRU 则接收第一个 GRU 的输出并计算最终结果. 默认值为 1.
4. `hidden_size` 为处于隐藏状态 h_t 的单元数目. 举例来说, 如果一个 RNN 有

$$h_t = \sigma(Wx_t + Uh_{t-1}),$$

这里的 $h_t \in \mathbb{R}^m$, $h_{t-1} \in \mathbb{R}^m$, $x_t \in \mathbb{R}^n$, $U_t \in \mathbb{R}^{m \times m}$, 则称该 RNN 有 m 个隐藏单元 (hidden units).
5. `seq_len` 为输入序列长度.

查看上面代码的各种维度:

```
print(inp.size(),output.size(),hn.size(),'\n',torch.all(torch.eq(output[-1],hn[-1])))
```

输入 (inp) 与输出 (output) 的批次大小和序列长度应该一样, 但由于最终还需要另一层去估计因变量, 所以最后一个数目不同. 而 hn 为准备输入下一层的隐藏状态, 它的最后一个 3×20 元素和 output 的最后一个 3×20 元素相同.

```
(torch.Size([5, 3, 10]), torch.Size([5, 3, 20]), torch.Size([2, 3, 20]))
 tensor(True)
```

5.5 数据 MNIST 手写数字数据的 GRU 分类例子

5.5.1 载入模块及整理数据

载入必要的模块:

```
import torch
import torch.nn as nn
import torchvision.transforms as transforms
import torchvision.datasets as dsets
from torch.autograd import Variable
from torch.nn import Parameter
from torch import Tensor
import numpy as np
import math
```

```
device=torch.device("cpu")
```

我们已经很熟悉例4.2的 MNIST 手写数字例子了, 首先读入数据 (代码和4.4节类似):

```
import pickle
with open("mnist.pkl", 'rb') as f:
    ((x_train, y_train), (x_valid, y_valid), _) = pickle.load(f, encoding="latin-1")
import torch

x_train, y_train, x_valid, y_valid = map(
    torch.tensor, (x_train, y_train, x_valid, y_valid)
)

x_train=x_train.reshape(50000,1,28,28)
x_valid=x_valid.reshape(10000,1,28,28)

batch_size_train = 100
batch_size_test = 100

# Pytorch train and test sets
train = torch.utils.data.TensorDataset(x_train,y_train)
test = torch.utils.data.TensorDataset(x_valid, y_valid)

Train_loader = torch.utils.data.DataLoader(train, batch_size = batch_size_train,
                                           shuffle = False)
Test_loader = torch.utils.data.DataLoader(test, batch_size = batch_size_test,
                                          shuffle = False)
```

5.5.2 设置 GRU 单元并定义 GRU 模型

设置 GRU 单元

```
class GRUCell(nn.Module):
    def __init__(self, input_size, hidden_size, bias=True):
        super(GRUCell, self).__init__()
        self.input_size = input_size
        self.hidden_size = hidden_size
        self.bias = bias
        self.x2h = nn.Linear(input_size, 3 * hidden_size, bias=bias)
        self.h2h = nn.Linear(hidden_size, 3 * hidden_size, bias=bias)
        self.reset_parameters()
    def reset_parameters(self):
        std = 1.0 / math.sqrt(self.hidden_size)
        for w in self.parameters():
            w.data.uniform_(-std, std)
    def forward(self, x, hidden):
        x = x.view(-1, x.size(1))
```

```
        gate_x = self.x2h(x)
        gate_h = self.h2h(hidden)
        gate_x = gate_x.squeeze()
        gate_h = gate_h.squeeze()
        i_r, i_i, i_n = gate_x.chunk(3, 1)
        h_r, h_i, h_n = gate_h.chunk(3, 1)
        resetgate = torch.sigmoid(i_r + h_r)
        inputgate = torch.sigmoid(i_i + h_i)
        newgate = torch.tanh(i_n + (resetgate * h_n))
        hy = newgate + inputgate * (hidden - newgate)
        return hy
```

对上面代码中的内容做一些必要说明:

1. `resetgate` 为重置门 $r_t = \sigma_g(W_r x_t + U_r h_{t-1})$.
2. `inputgate` 为更新门 $z_t = \sigma_g(W_z x_t + U_z h_{t-1})$.
3. `newgate` 为新门 $n_t = \sigma_h[W_n r_t \odot (U_z h_{t-1})]$.
4. `hy` 为输出 $h_t = n_t + z_t \odot (h_{t-1} - n_t) = (1 - z_t) \odot n_t + z_t \odot h_{t-1}$.
5. 代码中输入的 x (对于选择的批次大小 100) 本来是 $100 \times 28 \times 28$ 的例4.2图像, 但这里将 28×28 图像转换成为 28×1 向量的序列, 即 `x.view(-1, x.size(1))` 把 x 转换成 2800×28 的数据.
6. `resetgate`, `inputgate`, `newgate` 公式中的 h_{t-1} 并不是相同的. 由于选择的隐藏维度 `hidden_dim = 128`, 但一开始生成的 h_{t-1} 是其 3 倍 ($3 \times 128 = 384$), 因此, 在生成总的 $100 \times 28 \times 384$ 的线性组合 $W x_t + U h_{t-1}$ 之后, 把其 (用代码 `chunk(3,1)` 在中间的第 1 维) 切分成 3 份 (注意: 28 不能被 3 整除) 得到组成 3 个门的线性组合, 分别为 $100 \times 10 \times 384, 100 \times 10 \times 384$ 及 $100 \times 8 \times 384$. 而最后的 h_t 所用的 h_{t-1} 仍然是 $100 \times 28 \times 384$.

定义 GRU 模型

利用上面的 `GRUCell` 定义 GRU 模型:

```
class GRUModel(nn.Module):
    def __init__(self, input_dim, hidden_dim, layer_dim, output_dim, bias=True):
        super(GRUModel, self).__init__()
        self.hidden_dim = hidden_dim
        self.layer_dim = layer_dim
        self.gru_cell = GRUCell(input_dim, hidden_dim)
        self.fc = nn.Linear(hidden_dim, output_dim)

    def forward(self, x):
        h0 = Variable(torch.zeros(self.layer_dim, x.size(0), self.hidden_dim))

        outs = []
        hn = h0[0,:,:] #初始隐藏状态值为0
        for seq in range(x.size(1)):
```

```
        hn = self.gru_cell(x[:,seq,:], hn)
        outs.append(hn)
    out = outs[-1].squeeze()
    out = self.fc(out) #输出为 100, 10 (因为输出层有10个节点：10个数字)
    return out
```

设置一些参数和选项

```
input_dim = 28
hidden_dim = 128
layer_dim = 1
output_dim = 10

model = GRUModel(input_dim, hidden_dim, layer_dim, output_dim)

criterion = nn.CrossEntropyLoss() #损失函数
learning_rate = 0.1 #学习率
# 优化
optimizer = torch.optim.SGD(model.parameters(), lr=learning_rate)
```

该模型可以简单描述为：

```
GRUModel(
  (gru_cell): GRUCell(
    (x2h): Linear(in_features=28, out_features=384, bias=True)
    (h2h): Linear(in_features=128, out_features=384, bias=True)
  )
  (fc): Linear(in_features=128, out_features=10, bias=True)
)
```

5.5.3 训练模型及精确度

训练模型：

```
batch_size = 100
n_iters = 6000
num_epochs = n_iters / (len(x_train) / batch_size)
num_epochs = int(num_epochs)
seq_dim = 28
loss_list = []
iter = 0
for epoch in range(num_epochs):
    for i, (images, labels) in enumerate(Train_loader):
        images = Variable(images.view(-1, seq_dim, input_dim))
        labels = Variable(labels)

        optimizer.zero_grad()
```

```
        outputs = model(images)
        loss = criterion(outputs, labels)
        loss.backward()
        optimizer.step()

        loss_list.append(loss.item())
        iter += 1

        if iter % 500 == 0:
            correct = 0
            total = 0
            for images, labels in Test_loader:
                images = Variable(images.view(-1 , seq_dim, input_dim))
                outputs = model(images)

                _, predicted = torch.max(outputs.data, 1)
                total += labels.size(0)

                correct += (predicted == labels).sum()
            accuracy = 100 * torch.true_divide(correct,total)
            print('Iteration: {}. Loss: {}. Accuracy: {}'.\
          '   format(iter, loss.item(), accuracy))
```

该模型有监控输出:

```
Iteration: 500. Loss: 1.1573735475540161. Accuracy: 54.54999923706055
Iteration: 1000. Loss: 0.6179829239845276. Accuracy: 79.68000030517578
Iteration: 1500. Loss: 0.4231607913970947. Accuracy: 89.60000610351562
Iteration: 2000. Loss: 0.28058069944381714. Accuracy: 93.33000183105469
Iteration: 2500. Loss: 0.24698665738105774. Accuracy: 94.83000183105469
Iteration: 3000. Loss: 0.20081807672977448. Accuracy: 95.9000015258789
Iteration: 3500. Loss: 0.1553749442100525. Accuracy: 96.58000183105469
Iteration: 4000. Loss: 0.13065119087696075. Accuracy: 96.83000183105469
Iteration: 4500. Loss: 0.11526525765657425. Accuracy: 97.0
Iteration: 5000. Loss: 0.0994020402431488. Accuracy: 97.1199951171875
Iteration: 5500. Loss: 0.08161541819572449. Accuracy: 97.33000183105469
Iteration: 6000. Loss: 0.06535610556602478. Accuracy: 97.52999877929688
```

最终的交叉验证精确度为 **97.53%**. 我们可以通过混淆矩阵看其分布:

```
CM=np.zeros((10,10))
for i, (images,labels) in enumerate(Test_loader):
    images=Variable(images.view(-1 , seq_dim, input_dim))
    outputs = model(images)
    _, predicted = torch.max(outputs.data, 1)
    for j in range(len(labels)):
        CM[labels.numpy()[j],int(predicted[j])]+=1
```

```
CM=CM.astype("int32")
print("Model Accuracy =",np.diag(CM).sum()/CM.sum())
print("\nConfusion matrix =\n",CM)
```

输出为:

```
Model Accuracy = 0.9753

Confusion matrix =
 [[ 975    0    8    0    0    1    3    0    3    1]
 [   0 1047    8    0    1    1    4    1    2    0]
 [   1    0  980    0    0    2    2    3    2    0]
 [   0    0   10  996    1   14    0    4    3    2]
 [   1    4    1    0  957    0    6    3    0   11]
 [   2    1    6    1    1  888   13    0    1    2]
 [   1    0    1    0    0    1  962    0    2    0]
 [   0    0    7    2    1    0    0 1075    0    5]
 [   3    2    5    7    0    8    8    1  972    3]
 [   3    0    0    2   23   15    0    9    8  901]]
```

5.6　GRU 处理时间序列的例子

这一节考虑一个例子.

例 5.1 (文件夹 EnergyHourly 的 12 个 csv 文件[2]) 该数据是 PJM 公司 (PJM Interconnection LLC) 的每小时能源消耗数据. PJM 是美国的区域输电组织, 是东部互连网格的一部分, 该电网涉及十几个州. 数据只有两个变量: 一个是 Datetime, 代表以小时为间隔的时间; 另一个为 PJMW_MW, 为每小时电量, 以兆瓦 (MW) 为单位. 一个数据典型的头几行形式如下 (比如数据之一的 PJMW_hourly.csv):

```
            Datetime    PJMW_MW
0   2002-12-31 01:00:00    5077.0
1   2002-12-31 02:00:00    4939.0
2   2002-12-31 03:00:00    4885.0
3   2002-12-31 04:00:00    4857.0
4   2002-12-31 05:00:00    4930.0
```

我们试图将其中一年划分为一个测试集, 并且建立一个模型来预测能耗, 进而考察在一天中的几个小时, 节假日或长期趋势中查找能耗趋势, 了解每日趋势如何随着一年中的时间变动而变化. 夏季趋势与冬季趋势有多大不同等问题.[3]

---

[2]https://www.kaggle.com/robikscube/hourly-energy-consumption.
[3]这个例子的代码基本参考了https://blog.floydhub.com/gru-with-pytorch/.

5.6.1 载入模块并准备数据

```
import os
import time

import numpy as np
import pandas as pd
import matplotlib.pyplot as plt

import torch
import torch.nn as nn
from torch.utils.data import TensorDataset, DataLoader

from tqdm import notebook
from sklearn.preprocessing import MinMaxScaler

data_dir = os.getcwd()+'/EnergyHourly/'
```

把数据中的时间细化

下面的函数把数据变量 Datetime 细分为 hour, dayofweek, month, dayofyear 等 4 个变量:

```
def Dat_sep(file):
    df =pd.read_csv(data_dir+file, parse_dates=[0])
    # Processing the time data into suitable input formats
    df['hour'] = df.apply(lambda x: x['Datetime'].hour,axis=1)
    df['dayofweek'] = df.apply(lambda x: x['Datetime'].dayofweek,axis=1)
    df['month'] = df.apply(lambda x: x['Datetime'].month,axis=1)
    df['dayofyear'] = df.apply(lambda x: x['Datetime'].dayofyear,axis=1)
    df = df.sort_values("Datetime").drop("Datetime",axis=1)
    return df
```

输入下面的代码:

```
print(Dat_sep('PJMW_hourly.csv').head())
```

输出为:

```
      PJMW_MW  hour  dayofweek  month  dayofyear
6574  4374.0   1     0          4      91
6575  4306.0   2     0          4      91
6576  4322.0   3     0          4      91
6577  4359.0   4     0          4      91
6578  4436.0   5     0          4      91
```

做最大最小标准化

下面的代码把每个变量的数值都变换到 [0, 1] 区间:

```
def MM(df,file,label_scalers):
    file='PJMW_hourly.csv'
    sc = MinMaxScaler()
    label_sc = MinMaxScaler()
    data = sc.fit_transform(df.values)
    label_sc.fit(df.iloc[:,0].values.reshape(-1,1))
    label_scalers[file] = label_sc
    return data,label_scalers
```

以子序列为观测值单位

时间序列建模依赖的输入是子序列, 而不是单个值, 比如第 1 个到第 90 个观测值为第 2 个输入, 第 2 个到第 91 个是第 2 个输入, 等等. 下面的函数就用于建立这样的子序列, 其输入子序列长度默认值为 90, 也就是说, 每个输入为 90 × 5 的矩阵, 输入的样本量为原样本量减去 90:

```
def Lookback(data,lb=90):
    lookback = lb
    inputs = np.zeros((len(data)-lookback,lookback,df.shape[1]))
    labels = np.zeros(len(data)-lookback)

    for i in range(lookback, len(data)):
        inputs[i-lookback] = data[i-lookback:i]
        labels[i-lookback] = data[i,0]
    inputs = inputs.reshape(-1,lookback,df.shape[1])
    labels = labels.reshape(-1,1)
    return inputs, labels
```

利用上面的函数整理数据并分成训练集和测试集

下面是把从上面函数得到的数据分成训练集和测试集的代码 (按照 10% 的比例确定测试集):

```
label_scalers = {}
train_x = []
test_x = {}
test_y = {}

foar file in os.listdir(data_dir):
    if file == "pjm_hourly_est.csv": #数据文件夹中不用的数据文件
        continue
```

```
df=Dat_sep(file)
data,label_scalers=MM(df,file,label_scalers)
inputs, labels=Lookback(data,lb=90)

# 把数据分成训练集和测试集并把不同文件的数据合并成一个数组
test_portion = int(0.1*len(inputs)) #十分之一作为测试集
if len(train_x) == 0:
    train_x = inputs[:-test_portion]
    train_y = labels[:-test_portion]
else:
    train_x = np.concatenate((train_x,inputs[:-test_portion]))
    train_y = np.concatenate((train_y,labels[:-test_portion]))
test_x[file] = (inputs[-test_portion:])
test_y[file] = (labels[-test_portion:])
```

确定批量大小并包装数据为 **PyTorch** 张量的 `DataLoader` 形式:

```
batch_size = 1024
train_data = TensorDataset(torch.from_numpy(train_x),
                           torch.from_numpy(train_y))
train_loader = DataLoader(train_data, shuffle=True,
                          batch_size=batch_size, drop_last=True)
```

5.6.2 定义 GRU 模型

确定设备处理器形式 (CPU 还是 GPU):

```
device = torch.device("cuda:0" if torch.cuda.is_available() else "cpu")
```

定义 **GRU** 神经网络:

```
class GRUNet(nn.Module):
    def __init__(self, input_dim, hidden_dim, output_dim, n_layers,
                 drop_prob=0.2):
        super(GRUNet, self).__init__()
        self.hidden_dim = hidden_dim
        self.n_layers = n_layers

        self.gru = nn.GRU(input_dim, hidden_dim, n_layers,
                          batch_first=True, dropout=drop_prob)
        self.fc = nn.Linear(hidden_dim, output_dim)
        self.relu = nn.ReLU()

    def forward(self, x, h):
        out, h = self.gru(x, h)
```

```
        out = self.fc(self.relu(out[:,-1]))
        return out, h

    def init_hidden(self, batch_size):
        weight = next(self.parameters()).data
        hidden = weight.new(self.n_layers, batch_size,
                             self.hidden_dim).zero_().to(device)
        return hidden
```

该模型简单说来就是下面的形式:

```
GRUNet(
    (gru): GRU(5, 256, num_layers=2, batch_first=True, dropout=0.2)
    (fc): Linear(in_features=256, out_features=1, bias=True)
    (relu): ReLU()
)
```

5.6.3　训练模型

这里设了 5 个纪元, 由于数据量很大, 对于没有 GPU 的计算机来说很费时间, 练习时可以减少数据量及纪元数目.

```
def train(train_loader, learn_rate, hidden_dim=256, EPOCHS=5):

    # 设了共同的超参数
    input_dim = next(iter(train_loader))[0].shape[2]
    output_dim = 1
    n_layers = 2
    model = GRUNet(input_dim, hidden_dim, output_dim, n_layers)
    model.to(device)

    criterion = nn.MSELoss()
    optimizer = torch.optim.Adam(model.parameters(), lr=learn_rate)

    model.train()
    epoch_times = []
    # 开始训练模型的循环
    for epoch in range(1,EPOCHS+1):
        h = model.init_hidden(batch_size)
        avg_loss = 0.
        counter = 0
        for x, label in train_loader:
            counter += 1
            h = h.data
            model.zero_grad()

            out, h = model(x.to(device).float(), h)
            loss = criterion(out, label.to(device).float())
            loss.backward()
```

```
            optimizer.step()
            avg_loss += loss.item()
            if counter%200 == 0:
                print("Epoch {}......Step: {}/{}....... Average Loss for Epoch: {}".\
                format(epoch, counter, len(train_loader), avg_loss/counter))
        print("Epoch {}/{} Done, Total Loss: {}".format(epoch, EPOCHS,
        avg_loss/len(train_loader)))
    return model
```

训练模型的代码为:

```
lr = 0.001
gru_model = train(train_loader, lr, model_type="GRU")
```

5.6.4　评价模型

使用函数 `evaluate` 计算对测试集的对称平均绝对百分比误差 (symmetric mean absolute percentage error , SMAPE 或 SMAP), 通常定义如下:

$$\text{SMAPE} = \frac{100\%}{n} \sum_{t=1}^{n} \frac{|F_t - A_t|}{(|A_t| + |F_t|)/2},$$

式中, A_t 为真实值; F_t 为预测值.

```
def evaluate(model, test_x, test_y, label_scalers):
    model.eval()
    outputs = []
    targets = []
    for i in test_x.keys():
        inp = torch.from_numpy(np.array(test_x[i]))
        labs = torch.from_numpy(np.array(test_y[i]))
        h = model.init_hidden(inp.shape[0])
        out, h = model(inp.to(device).float(), h)
        outputs.append(label_scalers[i].inverse_transform(out.cpu().\
            detach().numpy()).reshape(-1))
        targets.append(label_scalers[i].inverse_transform(labs.numpy()).\
            reshape(-1))
    sMAPE = 0
    for i in range(len(outputs)):
        sMAPE += np.mean(abs(outputs[i]-targets[i])/(targets[i]+\
            outputs[i])/2)/len(outputs)
    print("sMAPE: {}%".format(sMAPE*100))
    return outputs, targets, sMAPE
```

对于上面训练的结果, 使用以下代码:

```
gru_outputs, targets, gru_sMAPE = evaluate(gru_model, test_x, test_y, label_scalers)
```

输出为:

```
sMAPE: 0.2594055528624887%
```

产生关于拟合效果的图形

利用上面的输出,对随意选择的一些序列判断直观显示拟合效果 (见图5.6.1).

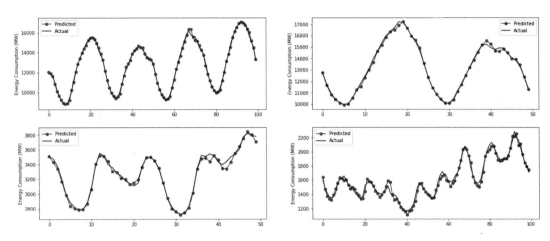

图 5.6.1　对例5.1数据的 GRU 网络拟合效果图

生成图5.6.1的代码为:

```
plt.figure(figsize=(20,8))
plt.subplot(2,2,1)
plt.plot(gru_outputs[10][-100:], "-o", color="g", label="Predicted")
plt.plot(targets[10][-100:], color="b", label="Actual")
plt.ylabel('Energy Consumption (MW)')
plt.legend()

plt.subplot(2,2,2)
plt.plot(gru_outputs[5][-50:], "-o", color="g", label="Predicted")
plt.plot(targets[5][-50:], color="b", label="Actual")
plt.ylabel('Energy Consumption (MW)')
plt.legend()

plt.subplot(2,2,3)
plt.plot(gru_outputs[7][:50], "-o", color="g", label="Predicted")
plt.plot(targets[7][:50], color="b", label="Actual")
plt.ylabel('Energy Consumption (MW)')
plt.legend()
```

```
plt.subplot(2,2,4)
plt.plot(gru_outputs[6][:100], "-o", color="g", label="Predicted")
plt.plot(targets[6][:100], color="b", label="Actual")
plt.ylabel('Energy Consumption (MW)')
plt.legend()
plt.show()
```

第 6 章 PyTorch 文本数据分析

6.1 一个简单的文本分类例子

例 6.1 (all_sentiment_shuffled.txt)[1] 这是由 12000 个产品评论组成的一个数据. 这些评论涉及 6 类产品 (books, cameras, DVDs, music, health, software). 每个评论在数据文件中占一行, 其前面三个词显示的是类 (上面 6 类之一, 比如 "music")、情感性词 ("neg'' 或 "pos'' 之一, 代表负面和正面)、文件名 (如 "544.txt", 这不是我们需要的).

6.1.1 载入模块及准备数据

载入需要的模块:

```
import torch
from sklearn.feature_extraction.text import TfidfVectorizer
from sklearn.preprocessing import LabelEncoder
from sklearn.metrics import accuracy_score
from sklearn.model_selection import train_test_split
import time
import matplotlib.pyplot as plt
%config InlineBackend.figure_format = 'retina'
plt.style.use('seaborn')
```

读入数据

使用下面的函数读入数据:

```
def read_data(corpus_file, use_sentiment=True):
    X = []
    Y = []
    with open(corpus_file, encoding='utf-8') as f:
        for line in f:
            product, sentiment, _, doc = line.strip().split(maxsplit=3)
            X.append(doc)
            Y.append(sentiment if use_sentiment else product)
    return X, Y

X, Y = read_data('all_sentiment_shuffled.txt', use_sentiment=False)
```

---

[1]http://www.cse.chalmers.se/~richajo/nlp2019/l1/l1_data.zip.

上面函数中的代码比较简单, 其中:

1. `for line in f:` 表示从文件 f 中逐行提取 (每行是一个字符串).

2. `line.strip()` 是把代表该行的字符串前后的空格 (包括诸如 `\n` 那样的符号) 全部清掉,

3. `.split(maxsplit=3)` 将该字符串从前面开始把 3 个词分开, 形成 4 个字符串组成的 list. 比如, 原先 `line.strip()` 的字符串为:

```
'music neg 544.txt i was misled and thought i was buying the entire cd and it contains one song'
```

那么 `line.strip().split(maxsplit=3)` 则为有 4 个字符串的 list: 第 1 个字符串为产品类 (product), 第 2 个为正负的情感 (sentiment), 第 3 个为我们不关心的文件代码 (_), 第 4 个为评论主体 (doc).

```
['music',
 'neg',
 '544.txt',
 'i was misled and thought i was buying the entire cd and it contains one song']
```

4. 在函数中, list X 收集每行的评论主体 (doc), list Y 收集每行的情感或者产品类 (根据函数选项 `use_sentiment` 的性质来确定).

整理数据并把文本数据中的词用描述其重要性的代码表示

用下面的函数把数据分成 80% 的训练集 (样本量为 9531) Xtrain, Ytrain, 以及 20% 的测试集 (样本量为 2383) Xtest, Ytest, 并且把自变量 (Xtrain, Xtest) 的词通过函数 TfidfVectorizer 从文本型转换成浮点型数字矩阵 (Xtrain_p, Xtest_p), 这些矩阵反映了词的重要性; 把因变量 (6 类产品) (Ytrain, Ytest) 通过函数 LabelEncoder 转换成 0～5 的整数型 (Ytrain_p, Ytest_p).

```
Xtrain, Xtest, Ytrain, Ytest = train_test_split(X, Y, test_size=0.2, random_state=0)
preprocessor = TfidfVectorizer(max_features=1000)
Xtrain_p = preprocessor.fit_transform(Xtrain, Ytrain).toarray()
Xtest_p = preprocessor.transform(Xtest).toarray()

label_enc = LabelEncoder()
Ytrain_p = label_enc.fit_transform(Ytrain)
Ytest_p = label_enc.transform(Ytest)
```

上面代码中的函数 TfidfVectorizer 中的 "tf" 和 "idf" 分别为 term-frequency (词频) 和 inverse document-frequency (逆文献频率) 的缩写. 这两个术语决定了作为自变量的词如何转换成浮点矩阵的关键. 这里, 用 t 代表自变量中某个词, 而用 n 代表文献总数 (即自变量数据所包含的元素个数). 上面所说的浮点矩阵的每一列对应于唯一的一个词, 而每一行相应于一个文献 (即自变量的一个观测值). 因此在矩阵中相应于第 d 个文献的词 t 的重要性的值是用下面的公式算出来的:

$$\text{tf-idf}(t, d) = \text{tf}(t, d) \times \text{idf}(t),$$

式中, $\mathrm{tf}(t, d)$ 是词 t 在 (一个) 文献 d 中出现的次数,

$$\mathrm{idf}(t) = \log \frac{1+n}{1+\mathrm{df}(t)} + 1,$$

式中的 $\mathrm{df}(t)$ 是指词 t 在多少文献中出现过.

　　之所以如此加权是出于以下考虑. 在大型文本语料库中, 会有一些出现频率很高的单词, 例如英语中的介词、冠词和连词等, 它们的 $\mathrm{tf}(t, d)$ 较大, 但和文件实质性内容没有什么关系, 但这些频繁出现的词会掩盖稀有但更有趣的词的信息. 为了平衡, 人们引入 $\mathrm{idf}(t)$ 生成度量 tf-idf(t, d), 以表示一个词 t 在文献 d 中的权重. 注意, 实际计算时, 相应于每一个观测值的那一行用欧氏模做了标准化 (即用每个元素除以该行向量元素平方和的平方根).

　　下面用一个小例子来说明 `TfidfVectorizer` 的功能:

1. 输入数据并产生浮点矩阵:

```
from sklearn.feature_extraction.text import TfidfVectorizer
corpus = [
    'This is the man.',
    'This man is great.',
    'His friend is not bad.',
]
vectorizer = TfidfVectorizer()
x = vectorizer.fit_transform(corpus)
x.toarray(),x.shape
```

输出 3×9 浮点矩阵 (对应于 3 个文件, 9 个不同的词):

```
(array([[0.        , 0.        , 0.        , 0.        , 0.37311881,
         0.4804584 , 0.        , 0.63174505, 0.4804584 ],
        [0.        , 0.        , 0.63174505, 0.        , 0.37311881,
         0.4804584 , 0.        , 0.        , 0.4804584 ],
        [0.47952794, 0.47952794, 0.        , 0.47952794, 0.28321692,
         0.        , 0.47952794, 0.        , 0.        ]]),
 (3, 9))
```

2. 这 9 列代表的字符可以用下面的代码获得:

```
print(vectorizer.get_feature_names())
```

输出为:

```
['bad', 'friend', 'great', 'his', 'is', 'man', 'not', 'the', 'this']
```

再用一个小例子说明函数 `LabelEncoder`.

1. 输入下面的代码:

```
le = LabelEncoder()
le.fit(["old", "old", "young", "baby"])
list(le.classes_)
```

输出为不重复的元素:

```
['baby', 'old', 'young']
```

2. 输入:

```
le.transform(["old", "baby", "young","young"])
```

输出转换的代码:

```
array([1, 0, 2, 2])
```

3. 从代码转换回字符串:

```
list(le.inverse_transform([0,2, 2, 1]))
```

输出为:

```
['baby', 'young', 'young', 'old']
```

6.1.2 构造神经网络模型

从前面的结果可以得到一共 1000 个词 (实际上不到 1000 个) 及 6 个标签类:

```
n_features = Xtrain_p.shape[1]
n_classes = len(label_enc.classes_)
n_features,n_classes
```

得到的词数目及标签个数为:

```
(1000, 6)
```

于是假定模型:

```
n_hidden = 10 #每个输出样本的大小

model = torch.nn.Sequential(
    torch.nn.Linear(in_features=n_features,
                    out_features=n_hidden),
    torch.nn.Tanh(),
    torch.nn.Linear(in_features=n_hidden,
                    out_features=n_classes)
```

```
)
```

6.1.3　定义训练函数

```python
param = {'device': 'cpu','eta': 0.01, 'decay': 1e-3, 'n_iter': 1000}
def Train(model, X, Y, param):
    Xt = torch.as_tensor(X, dtype=torch.get_default_dtype(), device=param['device'])
    Yt = torch.as_tensor(Y, device=param['device'])
    model.to(param['device'])

    history = []
    loss_function = torch.nn.CrossEntropyLoss()

    optimizer = torch.optim.Adam(model.parameters(), lr=param['eta'], weight_decay=param['decay'])

    for i in range(param['n_iter']):
        scores = model(Xt)
        loss = loss_function(scores, Yt)
        optimizer.zero_grad()
        loss.backward()
        optimizer.step()
        loss_value = loss.item()
        if (i+1) % 200 == 0:
            print(f'Loss at epoch {i+1}: {loss_value:.4f}')
        history.append(loss_value)
    print(f'Final loss: {loss_value:.4f}')
    return history
```

6.1.4　拟合例6.1的数据

在前面输入和整理数据并进行定义的模型的基础上, 用训练模型做拟合:

```python
history=Train(model, Xtrain_p, Ytrain_p, param)
```

得到如下结果:

```
Loss at epoch 200: 0.2786
Loss at epoch 400: 0.2246
Loss at epoch 600: 0.2087
Loss at epoch 800: 0.2035
Loss at epoch 1000: 0.2019
Final loss: 0.2019
```

可以生成损失随纪元的变化图 (见图6.1.1):

```python
plt.figure(figsize=(20,7))
plt.xlabel('Epoch')
plt.ylabel('Loss')
plt.plot(history,linewidth=5)
```

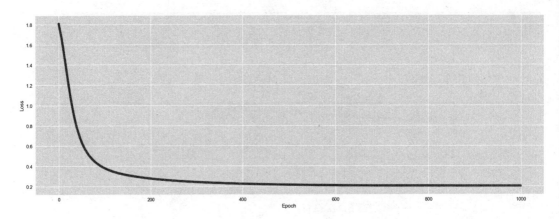

图 **6.1.1** 例**6.1**拟合的损失随纪元变化图

6.1.5 展示交叉验证结果

使用下面的代码展示用测试集数据对前面拟合的交叉验证结果及关于 6 个类别的混淆矩阵:

```
Xt = torch.as_tensor(Xtest_p, dtype=torch.get_default_dtype())
scores = model(Xt)
guesses = scores.argmax(dim=1)
CM=np.zeros((6,6))
for i in range(len(guesses)):
    CM[Ytest_p[i],guesses[i]]+=1
CM=CM.astype("int32")
acc = sum(np.diag(CM))/len(Ytest_p)

print(f'Accuracy on the test set: {acc:.4f}','\nConfusion Matrix:\n',CM)
```

输出为:

```
Accuracy on the test set: 0.9060
Confusion Matrix:
 [[360   1  11   4   3   4]
 [  0 377   5  43   1   9]
 [ 18   2 341   9   8   2]
 [  3  23   4 374   6   6]
 [  3   2  11   5 363   4]
 [  4   7   5  17   4 344]]
```

6.2　序列到序列 (seq2seq) 模型

6.2.1　编码器及解码器

序列到序列 (sequence to sequence, seq2seq) 模型由 Google 公司于 2014 年首次引入, 旨在将定长输入与定长输出相映射, 其中输入和输出的长度可能不同. 例如, 从英文到中文翻译 "Where are you going?" 输入了 4 个词, 输出了 3 个符号 (''你去哪?") 显然, 我们无法使用常规的 LSTM 将英文中的每个单词映射到中文句子中. 必须引入序列到序列模型, 这里第一个序列是**编码器** (encoder) 形成的, 而第二个是**解码器** (decoder) 的产物. 下面是具体定义 (见图6.2.1, 图中每个矩形为隐藏状态, 每个椭圆节点为 RNN 或 GRU 单元).

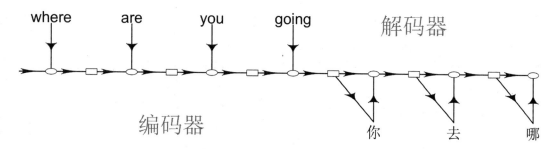

图 6.2.1　序列到序列模型

- **编码器**:
  - 几个递归单元 (LSTM 单元) 的叠加, 其中每个单元都接受输入序列的单个元素, 收集该元素的信息并将其前向传播.
  - 在应答类 (或翻译类) 的问题时, 输入序列是问题中所有单词的集合. 每个单词都表示为 x_i, 其中 i 是该单词的顺序.
  - 隐藏状态 h_i 则使用以下类型的公式计算:

$$h_t = f(W_h x_t + U_h h_{t-1}).$$

  该公式代表了普通 RNN 的结果.
- **编码器向量**:
  - 这是从模型的编码器部分产生的最终隐藏状态, 是使用上面的公式计算的.
  - 该向量旨在封装所有输入元素的信息, 以帮助解码器做出准确的预测.
  - 它充当模型的解码器部分的初始隐藏状态.
- **解码器**
  - 几个递归单元的叠加, 每个递归单元在第 t 步预测输出 y_t.
  - 每个递归单元接受上一个单元的隐藏状态, 并产生和输出隐藏状态.
  - 在应答类 (或翻译类) 问题中, 输出序列是答案中所有单词的集合. 每个单词都表示为 y_i, 其中 i 是该单词的顺序.

- 任何隐藏状态 h_i 均可使用以下类型公式计算:

$$h_t = f(U_h h_{t-1}).$$

也就是说使用上一个隐藏状态来计算下一个隐藏状态.

- 使用以下类型的公式计算第 t 步的输出 y_t:

$$y_t = \text{softmax}(W^{(S)} h_t).$$

该模型的强大之处在于它可以将不同长度的序列相互映射. 显然, 这里的输入和输出不相关, 长度可以不同.

6.2.2 运作原理

以翻译为例, 序列到序列模型的总体思路为建立编码的表示, 建立表示的方法称为编码器, 通常用 RNN 来实现. 每个时刻, 编码器中的每个存储向量都试图表示该句子, 当然主要代表最近输入的单词.

采用编码器生成的编码表示并生成输出的模型称为解码器, 通常也是用一串 RNN 来实现.

模型是如何训练的呢? 实际上, 对单个句子的训练是通过 "强制" 解码器生成最好的序列, 如按照概率高低对其进行奖惩. 将序列中每个词语 (token) 的损失相加. 然后把汇总的损失用于所有模型参数 (包括词语的嵌入), 利用诸如梯度下降法朝正确的方向修正.

训练是在句子级别进行的. 几乎所有此类网络都是使用交叉熵损失 (cross-entropy loss) 进行训练的. 在每一步, 网络都会在可能的下一个词语上产生概率分布. 此分布因有别于真实分布而受到惩罚.

如前面提到的, RNN 模型的公式为 $h_t = f(W_h x_t + U_h h_{t-1})$, 这里的函数 f 往往取双曲正切 tanh.

为了进行预测, 取当前的隐藏状态并将其作为类似于线性回归的变量. 令 d_t 为在时间 t 时的决策 (比如取某单词). 令 D 为所有可能决策的集合, 而令 s_{t-1} 为最新的解码器隐藏状态, 即

$$d_t = \underset{d \in D}{\arg\max} \, p(d|x_{1:n}, d_{1:t-1}); \tag{6.2.1}$$

$$p(*|x_{1:n}, d_{1:t-1}) = \text{softmax}_D(U^D s_{t-1}). \tag{6.2.2}$$

注意, $U^D s_{t-1}$ 产生记分向量. 如前面介绍过的, softmax 函数对此生成概率分布.

信息瓶颈和潜在结构

我们正尝试在固定长度的内存 (例如, 隐藏状态的 300 个维度) 中对可变长度的结构 (例如, 可变长度的句子) 进行编码.

编码器最后一个隐藏状态是瓶颈, 所有来自源语句的信息必须经过它才能到达解码器. 一个解决方法是下面介绍的专注 (attention), 它允许解码器查看编码器的状态, 并让其了解

每个时间步长中哪些是重要的.

6.2.3 专注

什么是专注 (attention)[2]? 为什么我们需要针对 seq2seq 模型的关注机制? 以神经网络翻译为例, seq2seq 模型将源序列映射到目标序列, 假定源序列是英文, 而目标序列为中文. 我们将英文原句传递给编码器, 编码器将源序列的完整信息编码为单个实值向量, 即上下文向量. 此上下文向量又传递到解码器, 以产生目标语言的输出序列. 上下文向量负责将整个输入序列汇总为单个向量.

下面分步骤说明:

1. 获取解码器状态, 并计算与编码器所有状态的亲和度 (affinity): $\{\alpha_i\}$.
2. 使用 softmax 函数将亲和度标准化为概率形式: $\{a_i\}$, 满足 $\sum_i a_i = 1$.
3. 以 $\{a_i\}$ 作为权重对编码器各状态进行加权平均.

   在图6.2.2的例子中, 由于 "你" 意味着 "you", 所以 attention 基于权重 $\{a_i\}$ 的大小 聚焦在 "you" 附近的向量.
4. 在预测时使用上下文向量, 并将其连接到解码器状态. 也就是说解码器的隐藏状态不但有目前解码器的状态还有编码器聚焦的汇总.

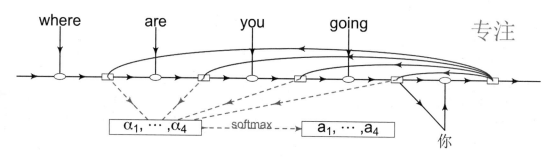

图 6.2.2　专注示意图

专注的公式形式

专注用于计算解码器状态与编码器所有状态之间的亲和度. 目前存在许多亲和度的计算方法, 但它们都像点积.

假定有 n 个编码器状态. 编码器状态 i 与解码器状态之间的亲和度记为 α_i. 编码器状态为 $h_{1:n}$, 解码器状态为 s_{t-1}. 令 $\alpha_i = f(h_i s_{t-1}) = h_i^\top s_{t-1}$ (点积), 设权重 $a = \mathrm{softmax}(\alpha)$. 令上下文 $c = \sum_{i=1}^n h_i a_i$ (加权平均).

在预测中, 专注用作最终预测中的额外信息. 记 $[s; c]$ 为解码器隐藏层状态 s 及作为加权平均的编码器上下文信息 $c = \sum_{i=1}^n h_i a_i$ 的串联连接. 类似于式 (6.2.1) 至式 (6.2.2), 我们

---

[2]attention 在英文和中文中都是常用词, 可以翻译成 "注意" "关注" "注意力" 等, 这里翻译成 "专注" 是为了尽量不和日常用语混淆.

的决策为:

$$d_t = \arg\max_{d \in D} p(d|x_{1:n}, d_{1:t-1}); \tag{6.2.3}$$

$$p(*|x_{1:n}, d_{1:t-1}) = \text{softmax}_D(\boldsymbol{U}^D[\boldsymbol{s}_{t-1}; \boldsymbol{c}]). \tag{6.2.4}$$

因此, 与式 (6.2.1) 和式 (6.2.2) 唯一的不同是最终预测使用上下文向量连接到解码器状态以进行预测.

Bahdanau 及 Luong 模型

Bahdanau 及 Luong 模型的产生是基于下面的考虑:

1. 如果输入语句很长, 编码器的单个矢量可以保存所有相关信息以提供给解码器吗?
2. 在预测目标词时, 是否可以仅专注于句子中的几个相关词, 而不是包含有关整个句子的信息的单独的一个向量?

专注机制有助于解决这个问题. **专注机制的基本思想是避免尝试为每个句子学习单个向量表示, 而是基于专注权重 (attention weights) 来关注输入序列的特定输入向量.**

在每个解码步骤, 解码器将根据一组专注权重被告知需要为每个输入字付出多少 "注意力". 这些专注权重为解码器提供上下文信息以进行翻译.

为此 Bahdanau 等[3] 创建了一种专注机制, 使解码器可以关注输入序列的某些部分, 而不是在每步中都使用整个固定上下文. 而 Luong 等 [4]的 "全局专注"(global attention) 又对其做了进一步改进. 全局专注考虑了编码器的所有隐藏状态, 而 Bahdanau 等在 "局部专注"(local attention) 中仅考虑了当前时间步长下编码器的隐藏状态. 此外, 全局专注仅从当前时间步长开始使用解码器的隐藏状态来计算专注权重或能量, 而局部专注计算需要从上一个时间步长知道解码器的状态. Luong 等还提供了得分函数 (score functions) 来计算编码器输出和解码器输出之间的专注能量.

1. Bahdanau 模型.

每个解码器输出都以先前的输出和某些 $\boldsymbol{x}$ 为条件, 其中 $\boldsymbol{x}$ 由当前的隐藏状态 (考虑到先前的输出) 和专注的上下文组成, 其计算如下 (函数 g 是具有非线性激活的完全连接层, 将串联的值 $\boldsymbol{y}_{i-1}$, $\boldsymbol{s}_i$ 和 $\boldsymbol{c}_i$ 作为输入):

$$p(\boldsymbol{y}_i \mid \{\boldsymbol{y}_1, \boldsymbol{y}_2, \ldots, \boldsymbol{y}_{i-1}\}, \boldsymbol{x}) = g(\boldsymbol{y}_{i-1}, \boldsymbol{s}_i, \boldsymbol{c}_i).$$

当前的隐藏状态 $\boldsymbol{s}_i$ 由具有最后一个隐藏状态 $\boldsymbol{s}_{i-1}$、最后一个解码器输出值 $\boldsymbol{y}_{i-1}$ 和上下文向量 $\boldsymbol{c}_i$ 的 RNN (记为 f) 计算:

$$\boldsymbol{s}_i = f(\boldsymbol{s}_{i-1}, \boldsymbol{y}_{i-1}, \boldsymbol{c}_i).$$

上下文向量 $\boldsymbol{c}_i$ 是所有编码器输出的加权和, 其中每个权重 a_{ij} 是支付给相应编码器输

---

[3]https://arxiv.org/abs/1409.0473.

[4]https://arxiv.org/abs/1508.04025.

出 h_j 的专注量.

$$c_i = \sum_{j=1}^{T_x} a_{ij} h_j.$$

其中每个权重 a_{ij} 在所有步骤中是标准化的专注能量 e_{ij}:

$$a_{ij} = \frac{\exp(e_{ij})}{\displaystyle\sum_{k=1}^{T} \exp(e_{ik})}.$$

其中每个专注能量是使用最后一个隐藏状态 s_{i-1} 和某个特定的编码器输出 h_j 通过某个函数 a(例如另一个线性层) 来计算的:

$$e_{ij} = a(s_{i-1}, h_j).$$

在代码中, RNN 将是 `nn.GRU` 层, 隐藏状态 s_i 将被记为 `hidden`, 输出 y_i 被记为 `output`, 上下文 c_i 被称为 `context`.

2. Luong 模型.

该模型考虑编码器在导出上下文 c_t 时的所有隐藏状态, 因此可变长度的对齐 (align) 向量 a 是基于比较目前的目标隐藏状态 h_t 及每一个源隐藏状态 $\bar{h}_s$ 而导出的, 并且在所有状态上标准化使其和为 1:

$$a_t(s) = \text{align}(h_t, \bar{h}_s) = \frac{\exp(\text{score}(h_t, \bar{h}_s))}{\displaystyle\sum_{s'} \exp(\text{score}(h_t, \bar{h}_{s'}))}$$

比较两种状态的特定得分函数是状态之间的简单点积 (代码标记为 `dot`), 一种是解码器隐藏状态与编码器状态线性变换之间的点积 (代码标记为 `general`), 或者为新参数 v_a 和串联在一起状态的线性变换之间的点积 (代码标记为 `concat`).

$$\text{score}(h_t, \bar{h}_s) = \begin{cases} h_t^\top \bar{h}_s & \text{(dot)}, \\ h_t^\top W_a \bar{h}_s & \text{(general)}, \\ v_a^\top W_a [h_t; \bar{h}_s] & \text{(concat)}. \end{cases}$$

这些得分函数的模块化定义让我们有机会构建可在不同评分方法之间切换的特定模块 `attention`. 其输入始终是解码器 RNN 的隐藏状态和编码器输出集.

一些经验之谈

1. 超参数的很多选择会极大地影响模型的质量. 因此, 需要从各种文献中获取参数, 并围绕它们进行网格式搜索, 尝试使用多种参数组合.
2. LSTM 或者 GRU 具有不同 (可能更好) 的递归方程.
3. 隐藏状态大小: 越大则需要更多内存及更多的数据来训练.

4. 嵌入的尺寸: 越大则越有代表性, 但需要更多数据.

5. 学习率是学习参数的步长. 开始可以取大些, 然后根据需要减小 (比如减半).

6. 批次大小: 较大的批次意味着较少的更细微训练, 意味着 (尤其是在 GPU 上) 每分钟需处理更多的观测值.

6.2.4 关于专注的说明性例子

这个例子主要从程序结构上给以说明, 给出各种输入输出的极容易出错的维度接口. 首先输入必要的模块:

```python
import torch
import torch.nn as nn
from torch import optim
import torch.nn.functional as F
from torch.autograd import Variable
```

专注编码器

```python
class Encoder(nn.Module):
  def __init__(self, input_size, hidden_size, bidirectional = True):
    super(Encoder, self).__init__()
    self.hidden_size = hidden_size
    self.input_size = input_size
    self.bidirectional = bidirectional

    self.lstm = nn.LSTM(input_size, hidden_size, bidirectional = bidirectional)

  def forward(self, inputs, hidden):

    output, hidden = self.lstm(inputs.view(1, 1, self.input_size), hidden)
    return output, hidden

  def init_hidden(self):
    return (torch.zeros(1 + int(self.bidirectional), 1, self.hidden_size),
      torch.zeros(1 + int(self.bidirectional), 1, self.hidden_size))
```

这是专注网络的最原始编码器. 对其代码做几点说明:

1. 在 init 函数中, 只存储参数并创建一个 LSTM 层.

2. 在 forward 函数中, 仅通过 LSTM 传入提供隐藏状态的输入 (inputs, hidden).

3. 在通过 LSTM 传递句子以初始化隐藏状态之前, 调用 init_hidden 函数. 注意, 这里隐藏状态必须是两个向量, 因为 LSTM 具有隐藏状态 (式 (5.2.6) 中的 h_t) 和存储单元 (式 (5.2.5) 中的 c_t) 两个向量.

4. 对于双向 LSTM(bidirectional LSTM), 隐藏状态的第一个维数是 2, 因为双向 LSTM 实际上是两个 LSTM, 其中一个以正向方式输入单词, 而另一个以相反的顺序输入单词; 隐藏状态第二维是批次大小, 这里代码取 1, 最后一个是所需的输出大小. 为了简化代码, 这里没有加任何嵌入.

专注解码器

```
class AttentionDecoder(nn.Module):

    def __init__(self, hidden_size, output_size, vocab_size):
        super(AttentionDecoder, self).__init__()
        self.hidden_size = hidden_size
        self.output_size = output_size

        self.attn = nn.Linear(hidden_size + output_size, 1)
        self.lstm = nn.LSTM(hidden_size + vocab_size, output_size)
        #如用embedding, 上面hidden_size 应加上相应的字典大小
        self.final = nn.Linear(output_size, vocab_size)

    def init_hidden(self):
        return (torch.zeros(1, 1, self.output_size),
            torch.zeros(1, 1, self.output_size))

    def forward(self, decoder_hidden, encoder_outputs, input):
        weights = []
        for i in range(len(encoder_outputs)):
            print('decoder_hidden[0][0]: ',decoder_hidden[0][0].shape)
            print('encoder_outputs[0]',encoder_outputs[0].shape)
            weights.append(self.attn(torch.cat((decoder_hidden[0][0],
                                        encoder_outputs[i]), dim = 1)))
        normalized_weights = F.softmax(torch.cat(weights, 1), 1)

        attn_applied = torch.bmm(normalized_weights.unsqueeze(1),
                        encoder_outputs.view(1, -1, self.hidden_size))

        input_lstm = torch.cat((attn_applied[0], input[0]), dim = 1)
        #注: 如用embedding, 用相应的input

        output, hidden = self.lstm(input_lstm.unsqueeze(0), decoder_hidden)

        output = self.final(output[0])

        return output, hidden, normalized_weights
```

上面定义了专注解码器. 以下做几点说明:

1. attn 层用于计算产生概率 $\{a_i\}$ 的 $\{\alpha_i\}$ 的值. 该层通过使用解码器前一个隐藏状态和该特定时间编码器的隐藏状态来计算目标单词的重要性.

2. lstm 层输入根据专注权重加权平均的结果和输出的前一个单词的串联 (可以使用函数 torch.cat). 层 final 的作用为把输出的空间映射到词汇表的大小.

3. init_hidden 功能与编码器中的相同.

4. 解码器的 forward 函数输入解码器的前一个隐藏状态、编码器输出以及先前的单词输出.

5. weights (是 list) 用于存储专注权重. 由于要计算每个编码器输出的专注权重, 因此需要将它们进行迭代并连接起来, 再通过解码器将其存储在 weights 中, 从而将它们与解码器前一个隐藏状态一起传递到 attn 层. 然后这些权重通过 softmax 激活函数转换到 (0, 1) 范围. 要计算加权总和, 可使用批矩阵乘法将专注向量 (向量维度为 (1, 1, len(encoder_outputs))) 与编码器输出 encoder_outputs (大小为 (1, len(encoder_outputs), hidden_size)) 相乘以获得 hidden_size 大小的加权平均.

6. 我们将获得的向量与通过解码器 LSTM 输出的前一个单词的连接以及先前的隐藏状态传递到一起. 该 LSTM 的输出通过线性层, 并映射到词汇长度以输出实际单词. 我们使用此向量的 argmax 来获得单词.

验证各种维度

```
bidirectional = True
input_size=17
hidden_size=70
bidirectional = True
c = Encoder(input_size, hidden_size, bidirectional)
# 超参数 input_size, hidden_size, bidirectional = True
a, b = c.forward(torch.randn(input_size), c.init_hidden())
# forward 输入 inputs, hidden
# forward 输出 output, hidden
print('Output a shape=',a.shape)
print('Hidden output b shape=',(b[0].shape,b[1].shape))


output_size=29
vocab_size=10
x = AttentionDecoder(hidden_size * (1 + bidirectional), output_size,
                     vocab_size)
# 超参数 hidden_size, output_size, vocab_size
y, z, w = x.forward(x.init_hidden(), torch.cat((a,a)), torch.zeros(1,1,
                    vocab_size))
# forward 输入 decoder_hidden, encoder_outputs, input
# forward 输出 output, hidden, normalized_weights

print('Output y shape=',y.shape)
print('Hidden output z shape=',(z[0].shape,z[1].shape))
print('Normalized_weights=',w)
```

输出为:

```
Output a shape= torch.Size([1, 1, 140])
Hidden output b shape= (torch.Size([2, 1, 70]), torch.Size([2, 1, 70]))
decoder_hidden[0][0]: torch.Size([1, 29])
encoder_outputs[0] torch.Size([1, 140])
decoder_hidden[0][0]: torch.Size([1, 29])
encoder_outputs[0] torch.Size([1, 140])
Output y shape= torch.Size([1, 10])
Hidden output z shape= (torch.Size([1, 1, 29]), torch.Size([1, 1, 29]))
Normalized_weights= tensor([[0.5000, 0.5000]], grad_fn=<SoftmaxBackward>)
```

说明:

1. 编码器和解码器本身输入的是超参数 (有些和数据有关).
2. 编码器的 `forward` 函数的输入为一串随机数目 `torch.randn(input_size)`.
3. 编码器的输出 (a, b) 中只有 a 以 `torch.cat((a,a))` 形式作为解码器的 `forward` 函数的输入.
4. 除了编码器的输入之外, 解码器的 `forward` 函数的输入包括了 10 个 0, 也就是下面代码生成的向量: `torch.zeros(1,1, vocab_size)`.

6.3　剖析一个著名 seq2seq 案例

例 6.2 (cornell_movie_dialogs_corpus.zip)[5]　这是康奈尔大学计算机系网页上的一个著名数据, 包含了 10292 对电影角色之间的 220579 个对话交流, 涉及 617 部电影的 9035 个人物, 总计 304713 句话.

　　我们通过这个数据例子, 训练一个 **seq2seq** 的简单聊天机器人模型. 程序代码汇集了许多方面的研究和实践结果.[6]

　　首先载入必要的模块:

```
from __future__ import absolute_import
from __future__ import division
from __future__ import print_function
from __future__ import unicode_literals


import torch
from torch.jit import script, trace
import torch.nn as nn
from torch import optim
import torch.nn.functional as F
import csv
import random
```

---

[5]https://www.cs.cornell.edu/~cristian/Cornell_Movie-Dialogs_Corpus.html.

[6]https://github.com/ywk991112/pytorch-chatbot; https://github.com/spro/practical-pytorch/blob/master/seq2seq-translation/seq2seq-translation-batched.ipynb; https://github.com/floydhub/textutil-preprocess-cornell-movie-corpus.

```
import re
import os
import unicodedata
import codecs
from io import open
import itertools
import math
USE_CUDA = torch.cuda.is_available()
device = torch.device("cuda" if USE_CUDA else "cpu")
```

6.3.1 数据准备

查看两个文本数据文件的内容

定义一个打印文本文件头几行的函数:

```
corpus='/data/' #假定你的语料库的路径为/data/

def printLines(file, n=10):
    with open(file, 'rb') as datafile:
        lines = datafile.readlines()
    for line in lines[:n]:
        print(line)
```

使用 printLines 函数来读入文件 movie_lines.txt 并打印 6 行:

```
printLines(os.path.join(corpus, "movie_lines.txt"),6)
```

产生下面的输出:

```
b'L1045 +++$+++ u0 +++$+++ m0 +++$+++ BIANCA +++$+++ They do not!\n'
b'L1044 +++$+++ u2 +++$+++ m0 +++$+++ CAMERON +++$+++ They do to!\n'
b'L985 +++$+++ u0 +++$+++ m0 +++$+++ BIANCA +++$+++ I hope so.\n'
b'L984 +++$+++ u2 +++$+++ m0 +++$+++ CAMERON +++$+++ She okay?\n'
b"L925 +++$+++ u0 +++$+++ m0 +++$+++ BIANCA +++$+++ Let's go.\n"
b'L924 +++$+++ u2 +++$+++ m0 +++$+++ CAMERON +++$+++ Wow\n'
```

这表明, 每一行被符号 +++$+++ 分成 5 段: 行标签, 如 L1045 (后面将给以域名 lineID); 人物标签, 如 u0 (将赋予域名 characterID); 电影标签, 如 m0 (将赋予域名 movieID); 人物名称, 如 BIANCA (将赋予域名 character); 会话的文本, 如 They do not!\n (将赋予域名 text) 等.

把两个文本数据文件整合形成问答两个变量的文件

下面的函数将数据 movie_lines.txt 转换成以行标签为 key 的字典, 每行形成 5 个 key 的字典, 域名分别为: "lineID" "characterID" "movieID" "character" "text" 等.

```
def loadLines(fileName, fields):
    lines = {} # 定义一个大字典, 以lineID为key
    with open(fileName, 'r', encoding='iso-8859-1') as f:
        for line in f:
            values = line.split(" +++$+++ ")
            lineObj = {} # 字典的每个值为有5个key的字典
            for i, field in enumerate(fields):
                lineObj[field] = values[i]
            lines[lineObj['lineID']] = lineObj
    return lines
```

执行上面函数读入原始数据中的 movie_lines.txt, 并查看产生的字典中的头两个:

```
lines = {}
MOVIE_LINES_FIELDS =
    ["lineID", "characterID", "movieID", "character", "text"]
lines = loadLines(os.path.join(corpus, "movie_lines.txt"),
    MOVIE_LINES_FIELDS)
# 查看前2个 lines.items()
{k: lines[k] for k in list(lines)[:2]}
```

输出为:

```
{'L1045': {'lineID': 'L1045',
  'characterID': 'u0',
  'movieID': 'm0',
  'character': 'BIANCA',
  'text': 'They do not!\n'},
 'L1044': {'lineID': 'L1044',
  'characterID': 'u2',
  'movieID': 'm0',
  'character': 'CAMERON',
  'text': 'They do to!\n'}}
```

下面的函数将数据 movie_conversations.txt 转换成 list, 每一个元素形成的 dict 具有 5 个 key: "character1ID" "character2ID" "movieID" "utteranceIDs" "lines" 等, 其中最后一个元素又是一个字典, 这是通过函数 loadLines 而得到的信息 (输入 lines): "lineID" "characterID" "movieID" "character" "text".

```
def loadConversations(fileName, lines, fields):
    conversations = []
    with open(fileName, 'r', encoding='iso-8859-1') as f:
        for line in f:
```

```
            values = line.split(" +++$+++ ")
            convObj = {}
            for i, field in enumerate(fields):
                convObj[field] = values[i]
            # 字符串=> list
            lineIds = eval(convObj["utteranceIDs"])
            convObj["lines"] = []
            for lineId in lineIds:
                convObj["lines"].append(lines[lineId])
            conversations.append(convObj)
    return conversations
```

使用上面的函数读入原始数据中的 `movie_conversations.txt`，并查看产生的 list 中的
第 1 个元素：

```
conversations = []
MOVIE_CONVERSATIONS_FIELDS = 
    ["character1ID", "character2ID", "movieID", "utteranceIDs"]
conversations = loadConversations(os.path.join(corpus,
    "movie_conversations.txt"), lines,
    MOVIE_CONVERSATIONS_FIELDS)
# 查看第1个元素:
conversations[0]
```

输出为：

```
{'character1ID': 'u0',
 'character2ID': 'u2',
 'movieID': 'm0',
 'utteranceIDs': "['L194', 'L195', 'L196', 'L197']\n",
 'lines': [{'lineID': 'L194',
   'characterID': 'u0',
   'movieID': 'm0',
   'character': 'BIANCA',
   'text': 'Can we make this quick?  Roxanne Korrine and Andrew Barrett
   are having an incredibly
   horrendous public break- up on the quad.  Again.\n'},
  {'lineID': 'L195',
   'characterID': 'u2',
   'movieID': 'm0',
   'character': 'CAMERON',
   'text': "Well, I thought we'd start with pronunciation, if that's okay
   with you.\n"},
  {'lineID': 'L196',
```

```
'characterID': 'u0',
'movieID': 'm0',
'character': 'BIANCA',
'text': 'Not the hacking and gagging and spitting part.  Please.\n'},
{'lineID': 'L197',
'characterID': 'u2',
'movieID': 'm0',
'character': 'CAMERON',
'text': "Okay... then how 'bout we try out some French cuisine.
Saturday?  Night?\n"}]}
```

下面的函数把上面函数输出的结果 (conversations) 整合并存成有两个变量的文本文件, 每个观测值的第一个变量是问话内容, 而第二个变量是回答.

```
def extractSentencePairs(conversations):
    qa_pairs = []
    for conversation in conversations:
        for i in range(len(conversation["lines"]) - 1): #去掉最后无回答行
            inputLine = conversation["lines"][i]["text"].strip()
            targetLine = conversation["lines"][i+1]["text"].strip()
            if inputLine and targetLine: # 除去空list
                qa_pairs.append([inputLine, targetLine])
    return qa_pairs
```

执行上面的函数, 并看头几行内容:

```
datafile = os.path.join(corpus, "formatted_movie_lines.txt")#文件名
delimiter = '\t'
print("\nWriting newly formatted file...")
with open(datafile, 'w', encoding='utf-8') as outputfile:
    writer = csv.writer(outputfile, delimiter=delimiter)
    for pair in extractSentencePairs(conversations):
        writer.writerow(pair)
```

作为数据框打印出文件 formatted_movie_lines.txt 的前 3 行:

```
import pandas as pd
print(pd.read_csv('formatted_movie_lines.txt',delimiter=delimiter,header=None).head(3))
```

输出为:

```
                                                0  \
0  Can we make this quick?  Roxanne Korrine and A...
1  Well, I thought we'd start with pronunciation,...
2  Not the hacking and gagging and spitting part....
```

```
                                                          1
0   Well, I thought we'd start with pronunciation,...
1   Not the hacking and gagging and spitting part....
2   Okay... then how 'bout we try out some French ...
```

但是作为文本数据, 每对问答是由分隔符 "\t" 定界的, 请看下面输出 3 行和上面前 3 行的对照, 后面编码需要注意到这一点:

```
printLines(datafile,3)
```

输出为:

```
b"Can we make this quick?  Roxanne Korrine and Andrew Barrett are having an incredibly
  horrendous public break- up on the quad.  Again.\tWell, I thought we'd start with pronunciation,
  if that's okay with you.\r\n"
b"Well, I thought we'd start with pronunciation, if that's okay with you.\tNot the hacking and
  gagging and spitting part.  Please.\r\n"
b"Not the hacking and gagging and spitting part.  Please.\tOkay... then how 'bout we try out some
  French cuisine.  Saturday?  Night?\r\n"
```

6.3.2 创建词汇索引映射表

接下来的工作是创建词汇表 (vocabulary) 并将查询 (query, 也就是问话) 及响应 (response, 也就是回答) 语句对加载到内存中. 由于需要每个单词到索引 (index) 的双向映射, 为此定义了一个类 (Voc) 来确保这些映射, 并且记录每个单词的计数以及总单词数, 还提供了将词加到词汇表 (addword)、借用 addword 将句子中单词添加到词汇表 (addSentence)、修剪不常见的单词 (trim) 等方法. 其中有些函数是类里面的自带函数, 有些是外部函数.

定义类 Voc 作为 "词典" 之用

```python
# 默认 tokens
PAD_token = 0  # 填补短句
SOS_token = 1  # 句子开头的token
EOS_token = 2  # 结束句子的token


class Voc:
    def __init__(self):
        self.trimmed = False
        self.word2index = {}
        self.word2count = {}
        self.index2word = {PAD_token: "PAD", SOS_token: "SOS",
            EOS_token: "EOS"}
        self.num_words = 3  # Count SOS, EOS, PAD

    def addSentence(self, sentence):
```

```
    for word in sentence.split(' '):
        self.addWord(word)

def addWord(self, word):
    if word not in self.word2index:
        self.word2index[word] = self.num_words
        self.word2count[word] = 1
        self.index2word[self.num_words] = word
        self.num_words += 1
    else:
        self.word2count[word] += 1

# 筛选词
def trim(self, min_count):
    if self.trimmed:
        return
    self.trimmed = True

    keep_words = []

    for k, v in self.word2count.items():
        if v >= min_count:
            keep_words.append(k)

    print('keep_words {} / {} = {:.4f}'.format(
        len(keep_words), len(self.word2index),
        len(keep_words) / len(self.word2index)
    ))

    self.word2index = {}
    self.word2count = {}
    self.index2word = {PAD_token: "PAD", SOS_token: "SOS",
        EOS_token: "EOS"}
    self.num_words = 3 # Count default tokens

    for word in keep_words:
        self.addWord(word)
```

定义一些函数

为了实现我们的目标, 需要下面一些函数:

```
def NormalizeString(s):
    s = ''.join(
        c for c in unicodedata.normalize('NFD', s.lower().strip())
        if unicodedata.category(c) != 'Mn')
    s = re.sub(r"([.!?])", r" \1", s)
    s = re.sub(r"[^a-zA-Z.!?]+", r" ", s)
    s = re.sub(r"\s+", r" ", s).strip()
    return s

def readVocs(datafile):
    print("Reading lines...")
    # Read the file and split into lines
    lines = open(datafile, encoding='utf-8').\
        read().strip().split('\n')
    pairs = [[NormalizeString(s) for s in l.split('\t')] for l in lines]
    voc = Voc()
    return voc, pairs

def FilterPairs(pairs):
    Pairs=[]
    for pair in pairs:
        if len(pair[0].split(' ')) < MAX_LENGTH and\
            len(pair[1].split(' ')) < MAX_LENGTH:
            Pairs.append(pair)
    return Pairs

def LoadPrepareData(corpus, datafile):
    print("Start preparing training data ...")
    voc, pairs = readVocs(datafile)
    print("Read {!s} sentence pairs".format(len(pairs)))
    pairs = FilterPairs(pairs)
    print("Trimmed to {!s} sentence pairs".format(len(pairs)))
    print("Counting words...")
    for pair in pairs:
        voc.addSentence(pair[0])
        voc.addSentence(pair[1])
    print("Counted words:", voc.num_words)
    return voc, pairs
```

函数 `NormalizeString` 的解释

1. 先把 Unicode 字符标准化 (以 NFD 形式), 然后移除所有属于 "Mn" 范畴 ('Mark, Non-spacing' Category) 的字符, 这样剩下的就都是 ASCII 码了.

2. 对于函数中规则表示 (regular expression) 的解释:

(1) `re.sub(r"([.!?])", r" \1", s)` 是把句子 s 中的 3 种标点符号 ([.!?]) 的每一个前面都加上空格 (和字符分开). 比如:

```
re.sub(r"([.!?])", r" \1", 'Fine! It\'s done. How about you?')
```

输出为:

```
"Fine ! It's done . How about you ?"
```

(2) `re.sub(r"[^a-zA-Z.!?]+", r" ", s)` 是把句子 s 中所有字母 (无论大小写) 及三个标点符号之外的符号都替换成空格. 比如

```
re.sub(r"[^a-zA-Z.!?]+", r" ", 'I&am%fine*! How_about$you)? ')
```

输出为:

```
'I am fine ! How about you ? '
```

(3) `re.sub(r"\s+", r" ", s)` 是把句子 s 中所有空格都规范到一个空格, 而后面的 `.strip()` 则把句子前后的空格删除, 比如:

```
re.sub(r"\s+", r" ", ' I   am   too tired ').strip()
```

输出为:

```
'I am too tired'
```

函数 `LoadPrepareData` (及 `readVocs`) 的解释

通过执行函数 `LoadPrepareData`:

```
MAX_LENGTH = 10
voc, pairs = LoadPrepareData(corpus, datafile)
print("\npairs:")
for pair in pairs[-8:]:
    print(pair)
```

我们得到的各种记录及 (8 个) 输出的语句为:

```
Start preparing training data ...
Reading lines...
Read 221282 sentence pairs
Trimmed to 64271 sentence pairs
Counting words...
Counted words: 18008
```

```
pairs:
['another fifteen seconds to go .', 'do something ! stall them !']
['yes sir name please ?', 'food !']
['food !', 'do you have a reservation ?']
['do you have a reservation ?', 'food ! !']
['grrrhmmnnnjkjmmmnn !', 'franz ! help ! lunatic !']
['what o clock is it mr noggs ?', 'eleven o clock my lorj']
['stuart ?', 'yes .']
['yes .', 'how quickly can you move your artillery forward ?']
```

上面类 Voc (及后面定义的该类实例 voc) 中的函数的功能介绍如下:

1. LoadPrepareData 函数读入数据 formatted_movie_lines.txt (通过读入函数 readVocs, 变元 datafile), 并把数据赋值给对象 pairs, 该数据为有 221282 个元素的 list, 每个元素为一问一答两个字符串.

2. LoadPrepareData 函数通过函数 FilterPairs 把 pairs 的每一元素 (一个对话) 选取问和答皆小于 10 个词 (MAX_LENGTH = 10) 的元素, 这样对象 pairs 就只剩下 64271 个元素了.

3. LoadPrepareData 函数通过 Voc 函数 addSentence 且 addSentence 利用类 Voc 的函数 voc.addSentence (实际上主要是 voc.addword) 把 pairs 中的所有 (问和答) 句子拆成单词, 并且把不重复的单词和整数做出一一对应, 可以通过字典 voc.word2index 或 voc.index2word 从一个查另一个; 在上面过程中还对这些单词计数, 存在 voc.num_words 中 (等于 18008 个单词). 下面是一一对应词典的例子:

   • 从词查编号:

   ```
   {k: voc.word2count[k] for k in list(voc.word2count)[:4]}
   ```

   输出为:

   ```
   {'there': 2013, '.': 104124, 'where': 2475, '?': 43942}
   ```

   • 从编号查词:

   ```
   {k: voc.index2word[k] for k in list(voc.index2word)[-3:]}
   ```

   输出为:

   ```
   {18005: 'lorj', 18006: 'stuart', 18007: 'artillery'}
   ```

4. 注意类 Voc 仅仅包含了词典和代表每个词的代号等信息, 没有数据本身的信息, 原始问答数据是成对存在 list pairs 中的.

6.3.3　为模型准备数据

下面的一些函数是为模型准备数据设计的:

```
def indexesFromSentence(voc, sentence):
    return [voc.word2index[word] for word in sentence.split(' ')] +
        [EOS_token]

def zeroPadding(l, fillvalue=PAD_token):
    return list(itertools.zip_longest(*l, fillvalue=fillvalue))

def binaryMatrix(l, value=PAD_token):
    m = []
    for i, seq in enumerate(l):
        m.append([])
        for token in seq:
            if token == PAD_token:
                m[i].append(0)
            else:
                m[i].append(1)
    return m

def inputVar(l, voc):
    indexes_batch = [indexesFromSentence(voc, sentence) for sentence in l]
    lengths = torch.tensor([len(indexes) for indexes in indexes_batch])
    padList = zeroPadding(indexes_batch)
    padVar = torch.LongTensor(padList)
    return padVar, lengths

def outputVar(l, voc):
    indexes_batch = [indexesFromSentence(voc, sentence) for sentence in l]
    max_target_len = max([len(indexes) for indexes in indexes_batch])
    padList = zeroPadding(indexes_batch)
    mask = binaryMatrix(padList)
    mask = torch.ByteTensor(mask)
    padVar = torch.LongTensor(padList)
    return padVar, mask, max_target_len

def batch2TrainData(voc, pair_batch):
    pair_batch.sort(key=lambda x: len(x[0].split(" ")), reverse=True)
    input_batch, output_batch = [], []
    for pair in pair_batch:
        input_batch.append(pair[0])
        output_batch.append(pair[1])
    inp, lengths = inputVar(input_batch, voc)
    output, mask, max_target_len = outputVar(output_batch, voc)
    return inp, lengths, output, mask, max_target_len
```

对函数 `batch2TrainData` 的解释

先小批量(batch_size=4)运行函数 batch2TrainData,然后通过输出来解释:

```
batches = batch2TrainData(voc, [random.choice(pairs) for _ in range(4)])
input_variable, lengths, target_variable, mask, max_target_len = batches

print("input_variable:", input_variable)
print("lengths:", lengths)
print("target_variable:", target_variable)
print("mask:", mask)
print("max_target_len:", max_target_len)
```

输出为:

```
input_variable: tensor([[  28,  901,  351, 2102],
        [  75,  165,    4,    2],
        [ 235,  744,    2,    0],
        [ 565,   55,    0,    0],
        [2635,  350,    0,    0],
        [ 236,   69,    0,    0],
        [1378,   69,    0,    0],
        [  47,    2,    0,    0],
        [   4,    0,    0,    0],
        [   2,    0,    0,    0]])
lengths: tensor([10,  8,  3,  2])
target_variable: tensor([[  38, 15765,  351,  686],
        [  99,    69, 4604,    2],
        [ 424,    69,   26,    0],
        [1292,     2,  798,    0],
        [   4,     0,    4,    0],
        [   2,     0,    2,    0]])
mask: tensor([[1, 1, 1, 1],
        [1, 1, 1, 1],
        [1, 1, 1, 0],
        [1, 1, 1, 0],
        [1, 0, 1, 0],
        [1, 0, 1, 0]], dtype=torch.uint8)
max_target_len: 6
```

函数 batch2TrainData 主要做下面几件事:

1. 输入 pairs 的作为批次被随机选择的子集 (假定选择 batch_size 个, 上面例子等于 4), 并且按照问答分成输入批次 (input_batch) 和输出批次 (output_batch) 两个部分, 均为以字符串为元素的 list. 所有句子按照问话从长到短的次序排列.

2. 然后通过函数 inputVar 把上面的输入和输出部分变成填充成一样长的整数标记形式, 步骤如下:

   (1) 利用函数 indexesFromSentence (通过 voc.word2index 函数) 把输入批次

转换成整数标记 (对象为 `indexes_batch`), 并且在最后补上结尾标记 `EOS_token` (= 2); 计算每个句子的长度.

(2) 利用函数 `zeroPadding` 把 `indexes_batch` 的元素按照最长的用 0 补齐, 再经过 `torch.LongTensor` 形成一个长度为最长元素 (对象 `lengths` 载有各个长度) 个数的 list, 每个元素为一个有 `batch_size` 个词的整数代码的 tensor list, 名为 `inp`.

3. 利用 `outputVar` 函数对输出批次做 `inputVar` 函数类似的事情 (产生的填补后的对象 (tensor list) 名为 `output`); 使用 `binaryMatrix` 和 `torch.ByteTensor` 函数产生一个和 `output` 同样大小的 tensor 对象, 但其非零部分都标以 1 (名为 `mask`); 最长的长度记为 `max_target_len`.

6.3.4　定义 seq2seq 模型: 编码器, 专注, 解码器

我们使用一个 RNN 充当编码器, 将可变长度的输入序列编码为固定长度的上下文向量. 此上下文向量 (RNN 的最后隐藏层) 包含有关输入到机器人的查询语句的语义信息. 使用第二个 RNN 作为解码器, 它使用输入单词和上下文向量, 并返回对该序列中下一个单词的猜测以及在下一次迭代中使用的隐藏状态. 编码器 RNN 一次遍历输入句子一个单词 (token, 净化了的词), 在每个时间步长输出输出向量和隐藏状态向量, 然后将隐藏状态向量传递到下一个时间段, 同时记录输出向量. 编码器将在序列中每个点看到的上下文转换为高维空间中的一组点, 解码器将使用这些点为给定任务生成有意义的输出 (参见图6.3.1).

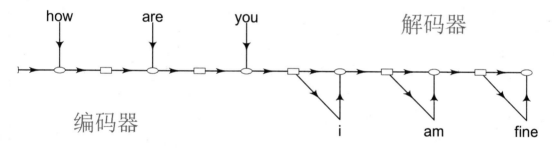

图 6.3.1　对话 seq2seq 模型示意图

编码器

这里将使用双向的 GRU, 这意味着实际上有两个独立的 RNN: 一个以正常的顺序输入序列, 另一个以相反的顺序输入, 每步对每个网络的输出求和. 使用双向 GRU 将为我们提供编码过去和将来上下文的优势.

一个嵌入层用于在任意大小的特征空间中对我们的单词索引进行编码. 对于我们的模型, 此层会将每个单词映射到大小为 `hidden_size` 的特征空间. 在训练时, 这些值在类似含义的词之间做语义相似性的编码.

最后, 如果将一批已填充的序列传递到 RNN 模块, 则使用 `torch.nn.utils.rnn` 模块的 `pack_padded_sequence` 及 `pad_packed_sequence` 来对 RNN 遍历中的填充进行打包和解包.

计算过程汇总:

1. 将单词索引转换为嵌入 (利用 nn.Module 的函数 embedding).
2. 为 RNN 打包填充的序列批次 (torch.nn.utils.rnn.pack_padded_sequence).
3. 向前传播 GRU(通过 self.gru=nn.GRU).
4. 拆包 (torch.nn.utils.rnn.pad_packed_sequence).
5. 对双向 GRU 输出求和 (torch.nn.utils.rnn.pad_packed_sequence).
6. 返回输出最终的隐藏状态 (outputs, hidden).

输入输出的对象为:

1. 输入:
   (1) input_seq: 输入句子批次, 大小为 (max_length, batch_size).
   (2) input_lengths: 与批处理中每个句子相对应的大小为 (batch_size) 的句子
       长度列表.
   (3) hidden: 隐藏状态, 大小为:
       (n_layers x num_directions, batch_size, hidden_size).
2. 输出:
   (1) outputs: 来自 GRU 的最后一个隐藏层的输出特征 (双向输出之和), 大小为:
       (max_length, batch_size, hidden_size).
   (2) hidden: 从 GRU 更新的隐藏状态, 大小为:
       (n_layers x num_directions, batch_size, hidden_size).

具体代码为:

```python
class EncoderRNN(nn.Module):
    def __init__(self, hidden_size, embedding, n_layers=1, dropout=0):
        super(EncoderRNN, self).__init__()
        self.n_layers = n_layers
        self.hidden_size = hidden_size
        self.embedding = embedding

        # 初始 GRU; 输入及隐藏层大小设为: 'hidden_size'
        self.gru = nn.GRU(hidden_size, hidden_size, n_layers,
            dropout=(0 if n_layers == 1 else dropout), bidirectional=True)

    def forward(self, input_seq, input_lengths, hidden=None):
        # 把词索引转换成embeddings
        embedded = self.embedding(input_seq)
        # 为RNN包装填补的批次
        packed = torch.nn.utils.rnn.pack_padded_sequence(embedded,
            input_lengths)
        # 前向传播过 GRU
        outputs, hidden = self.gru(packed, hidden)
        # 解包
```

```
    outputs, _ = torch.nn.utils.rnn.pad_packed_sequence(outputs)
    # 对双向GRU输出求和
    outputs = outputs[:, :, :self.hidden_size] +
        outputs[:, : ,self.hidden_size:]
    return outputs, hidden
```

专注及解码器

作为解码器的 RNN 以逐词 (token) 的方式生成响应语句. 它使用编码器的上下文向量和内部隐藏状态来生成序列中的下一个单词直到句子结尾 (EOS_token). 原始 seq2seq 解码器的一个常见问题是, 如果我们仅依靠上下文向量来编码整个输入序列的含义, 则很可能会丢失信息. 填补在处理长输入序列时会限制解码器的功能. 这使我们想到基于 Bahdanau 专注机制发展的 Luong 专注机制.

Luong attention 层

```
# Luong attention layer
class Attn(torch.nn.Module):
    def __init__(self, method, hidden_size):
        super(Attn, self).__init__()
        self.method = method
        if self.method not in ['dot', 'general', 'concat']:
            raise ValueError(self.method, "wrong method.")
        self.hidden_size = hidden_size
        if self.method == 'general':
            self.attn = torch.nn.Linear(self.hidden_size, hidden_size)
        elif self.method == 'concat':
            self.attn = torch.nn.Linear(self.hidden_size * 2, hidden_size)
            self.v = torch.nn.Parameter(torch.FloatTensor(hidden_size))

    def dot_score(self, hidden, encoder_output):
        return torch.sum(hidden * encoder_output, dim=2)

    def general_score(self, hidden, encoder_output):
        energy = self.attn(encoder_output)
        return torch.sum(hidden * energy, dim=2)

    def concat_score(self, hidden, encoder_output):
        energy=self.attn(torch.cat((hidden.expand(encoder_output.size(0),
            -1, -1), encoder_output), 2)).tanh()
        return torch.sum(self.v * energy, dim=2)

    def forward(self, hidden, encoder_outputs):
        # 计算专注权重
        if self.method == 'general':
            attn_energies = self.general_score(hidden, encoder_outputs)
        elif self.method == 'concat':
            attn_energies = self.concat_score(hidden, encoder_outputs)
        elif self.method == 'dot':
```

```
        attn_energies = self.dot_score(hidden, encoder_outputs)

    attn_energies = attn_energies.t() #转置

    # 返回softmax标准化概率得分(增加一维)
    return F.softmax(attn_energies, dim=1).unsqueeze(1)
```

解码器 (利用前面的 `Atten` 专注类)

对于解码器, 我们将一次次手动输入批次, 这意味着嵌入的单词张量和 GRU 输出都将具有形状 `(1, batch_size, hidden_size)`.

计算过程汇总:

1. 获取当前输入词的嵌入.
2. 通过单向 GRU 前向传播.
3. 根据当前 GRU 的前向传播输出来计算专注权重.
4. 将专注权重乘以编码器输出以获得新的上下文向量的加权和.
5. 使用 Luong 公式:

$$\tilde{\boldsymbol{h}}_t = \tanh(\boldsymbol{W}_c[\boldsymbol{c}_t; \boldsymbol{h}_t]) \text{ 及 } p(\boldsymbol{y}_t|\boldsymbol{y}_{<t}, \boldsymbol{x}) = \text{softmax}(\boldsymbol{W}_s\tilde{\boldsymbol{h}}_t),$$

连接加权上下文向量和 GRU 输出.
6. 使用 $\boldsymbol{W}_s\tilde{\boldsymbol{h}}_t$ 预测下一个单词.
7. 得到输出及最终隐藏状态.

输入输出的对象为:

1. 输入:
   (1) `input_step`: 输入序列批处理的一步 (一个词), 大小为 `(1, batch_size)`.
   (2) `last_hidden`: GRU 的最终隐藏层, 大小为:
       `(n_layers x num_directions, batch_size, hidden_size)`.
   (3) `encoder_outputs`: 编码器模型的输出, 大小为:
       `(max_length, batch_size, hidden_size)`.
2. 输出:
   (1) `output`: 用 softmax 标准化的张量, 它提供每个单词是解码序列中正确的下一个单词的概率, 大小为 `(batch_size, voc.num_words)`.
   (2) `hidden`: GRU 的最终隐藏状态, 大小为:
       `(n_layers x num_directions, batch_size, hidden_size)`.

Luong Attention RNN 解码器具体代码为:

```
class LuongAttnDecoderRNN(nn.Module):
    def __init__(self, attn_model, embedding, hidden_size, output_size,
            n_layers=1, dropout=0.1):
        super(LuongAttnDecoderRNN, self).__init__()
```

```python
        self.attn_model = attn_model
        self.hidden_size = hidden_size
        self.output_size = output_size
        self.n_layers = n_layers
        self.dropout = dropout

        # 定义各层
        self.embedding = embedding
        self.embedding_dropout = nn.Dropout(dropout)
        self.gru = nn.GRU(hidden_size, hidden_size, n_layers,
            dropout=(0 if n_layers == 1 else dropout))
        self.concat = nn.Linear(hidden_size * 2, hidden_size)
        self.out = nn.Linear(hidden_size, output_size)

        self.attn = Attn(attn_model, hidden_size)

    def forward(self, input_step, last_hidden, encoder_outputs):
        embedded = self.embedding(input_step)
        embedded = self.embedding_dropout(embedded)
        # 前向传播过单向GRU
        rnn_output, hidden = self.gru(embedded, last_hidden)
        # 从目前GRU输出计算专注权重
        attn_weights = self.attn(rnn_output, encoder_outputs)
        # 编码器输出乘专注权重得到上下文加权和
        context = attn_weights.bmm(encoder_outputs.transpose(0, 1))
        # 串联加权的上下文及GRU输出
        rnn_output = rnn_output.squeeze(0)
        context = context.squeeze(1)
        concat_input = torch.cat((rnn_output, context), 1)
        concat_output = torch.tanh(self.concat(concat_input))
        # 预测下一个单词
        output = self.out(concat_output)
        output = F.softmax(output, dim=1)
        return output, hidden
```

6.3.5 确定训练程序

定义损失函数

我们的序列是填充过的, 因此在计算损失时不能简单地考虑张量的所有元素. 下面定义的函数 maskNLLLoss 所计算的损失是基于解码器的输出张量、目标张量和描述目标张量的二元 mask 张量. 这个损失函数计算相应于 mask 张量中的与 1 对应的元素负对数似然的平均.

```
def maskNLLLoss(inp, target, mask):
    nTotal = mask.sum()
    crossEntropy = -torch.log(torch.gather(inp, 1, target.view(-1, 1)))
    loss = crossEntropy.masked_select(mask).mean()
    loss = loss.to(device)
    return loss, nTotal.item()
```

单次训练程序

确定单批次输入训练函数 train, 然后基于它再定义多次迭代函数 (TrainIters).
这里提供一些小技巧来促进收敛:

- 第一个技巧是在某种可能性下, 将当前目标词用作解码器的下一个输入, 而不是使用解码器的当前猜测, 有助于更有效的训练. 但是, 由于解码器可能没有足够的机会在训练过程中真正制作自己的输出序列而导致推理过程中模型的不稳定, 因此, 需要设置 teacher_forcing_ratio 以给出这种做法的比率.
- 第二个技巧是对梯度的裁剪. 这是解决梯度爆炸的常用方法. 这可以防止梯度呈指数增长及损失函数的溢出 (NaN) 或产生陡壁.

计算过程为:

1. 将整个输入批次都前向传播通过编码器.
2. 将解码器输入初始化为 SOS_token, 并将隐藏状态初始化为编码器的最终隐藏状态.
3. 前向传播输入批次序列转发给解码器.
4. 如果用 "teacher_forcing", 将下一个解码器输入设置为当前目标, 否则将下一个解码器输入设置为当前解码器输出.
5. 计算损失并累计.
6. 执行反向传播.
7. 裁剪梯度.
8. 更新编码器和解码器模型参数.

单次训练程序为:

```
def train(input_variable, lengths, target_variable, mask, max_target_len,
        encoder, decoder, embedding, encoder_optimizer,
        decoder_optimizer, batch_size, clip, max_length=MAX_LENGTH):

    encoder_optimizer.zero_grad()
    decoder_optimizer.zero_grad()

    input_variable = input_variable.to(device)
    lengths = lengths.to(device)
    target_variable = target_variable.to(device)
    mask = mask.to(device)
```

```
loss = 0
print_losses = []
n_totals = 0

# 编码器前向传播
encoder_outputs, encoder_hidden = encoder(input_variable, lengths)

# 产生初始解码器输入
decoder_input = torch.LongTensor([[SOS_token\
 for _ in range(batch_size)]])
decoder_input = decoder_input.to(device)

# 产生初始解码器隐藏状态为编码器最后隐藏状态
decoder_hidden = encoder_hidden[:decoder.n_layers]

# 随机确定这次迭代是否用"teacher forcing"
use_teacher_forcing = True if random.random() <\
 teacher_forcing_ratio else False

# 逐次把序列批次前向传播过解码器
if use_teacher_forcing:
    for t in range(max_target_len):
        decoder_output, decoder_hidden = decoder(
            decoder_input, decoder_hidden, encoder_outputs
        )
        # Teacher forcing: 输入为当前目标
        decoder_input = target_variable[t].view(1, -1)
        # 计算损失并累计
        mask_loss, nTotal = maskNLLLoss(decoder_output,
            target_variable[t], mask[t])
        loss += mask_loss
        print_losses.append(mask_loss.item() * nTotal)
        n_totals += nTotal
else:
    for t in range(max_target_len):
        decoder_output, decoder_hidden = decoder(
            decoder_input, decoder_hidden, encoder_outputs
        )
        # 无teacher forcing: 输入为解码器自己的当前输出
        _, topi = decoder_output.topk(1)
        decoder_input = torch.LongTensor([[topi[i][0] \
          for i in range(batch_size)]])
        decoder_input = decoder_input.to(device)
        # 计算损失并累计
```

```
                mask_loss, nTotal = maskNLLLoss(decoder_output,
                    target_variable[t], mask[t])
                loss += mask_loss
                print_losses.append(mask_loss.item() * nTotal)
                n_totals += nTotal


    # 反向传播
    loss.backward()

    _ = torch.nn.utils.clip_grad_norm_(encoder.parameters(), clip)
    _ = torch.nn.utils.clip_grad_norm_(decoder.parameters(), clip)

    # 调整权重
    encoder_optimizer.step()
    decoder_optimizer.step()

    return sum(print_losses) / n_totals
```

迭代训练函数

迭代训练函数 TrainIters 对前面的 train 迭代 n_iterations 次.
下面是该函数:

```
def TrainIters(voc, pairs, encoder, decoder,
    encoder_optimizer, decoder_optimizer, embedding,
    encoder_n_layers, decoder_n_layers,n_iteration, batch_size,clip):

    # 为每次迭代装入批次
    training_batches = [batch2TrainData(voc, [random.choice(pairs)\
        for _ in range(batch_size)])  for _ in range(n_iteration)]

    # 初始
    print('Initializing ...')
    start_iteration = 1
    print_loss = 0

    # 训练循环
    print("Training...")
    for iteration in range(start_iteration, n_iteration + 1):
        training_batch = training_batches[iteration - 1]
        # 从批次抽取域
        input_variable, lengths, target_variable, mask,
            max_target_len = training_batch
```

```
# 训练迭代批次
loss = train(input_variable, lengths, target_variable, mask,
    max_target_len, encoder, decoder, embedding,
    encoder_optimizer, decoder_optimizer, batch_size, clip)
print_loss += loss

print_every=iteration/10
# 打印过程
if iteration % print_every == 0:
    print_loss_avg = print_loss / print_every
    print("Iteration: {}; Percent complete: \
    {:.1f}%; Average loss: {:.4f}".\
        format(iteration, iteration / n_iteration * 100,\
        print_loss_avg))
    print_loss = 0
```

6.3.6 运行模型

　　首先, 必须初始化各个编码器和解码器模型. 下面设置所需的配置, 选择要从中加载的
检查点, 然后构建和初始化模型. 可试着使用不同的模型配置以优化性能.

```
attn_model = 'dot'
#attn_model = 'general'
#attn_model = 'concat'
hidden_size = 500
encoder_n_layers = 2
decoder_n_layers = 2
dropout = 0.1
batch_size = 64

print('Building encoder and decoder ...')
embedding = nn.Embedding(voc.num_words, hidden_size)
# 初始编码器和解码器
encoder = EncoderRNN(hidden_size, embedding, encoder_n_layers, dropout)
decoder = LuongAttnDecoderRNN(attn_model, embedding, hidden_size,
    voc.num_words, decoder_n_layers, dropout)
if loadFilename:
    encoder.load_state_dict(encoder_sd)
    decoder.load_state_dict(decoder_sd)
encoder = encoder.to(device)
decoder = decoder.to(device)
```

核对一下, 输入:

```
print(encoder,'\n',decoder)
```

输出为:

```
EncoderRNN(
    (embedding): Embedding(18008, 500)
    (gru): GRU(500, 500, num_layers=2, dropout=0.1, bidirectional=True)
)
 LuongAttnDecoderRNN(
    (embedding): Embedding(18008, 500)
    (embedding_dropout): Dropout(p=0.1, inplace=False)
    (gru): GRU(500, 500, num_layers=2, dropout=0.1)
    (concat): Linear(in_features=1000, out_features=500, bias=True)
    (out): Linear(in_features=500, out_features=18008, bias=True)
    (attn): Attn()
)
```

训练

```
clip = 50.0
teacher_forcing_ratio = 1.0
learning_rate = 0.0001
decoder_learning_ratio = 5.0
 n_iteration = 4000

encoder.train()
decoder.train()

print('Building optimizers ...')
encoder_optimizer = optim.Adam(encoder.parameters(), lr=learning_rate)
decoder_optimizer = optim.Adam(decoder.parameters(),
    lr=learning_rate * decoder_learning_ratio)
if loadFilename:
    encoder_optimizer.load_state_dict(encoder_optimizer_sd)
    decoder_optimizer.load_state_dict(decoder_optimizer_sd)

# 训练迭代
print("Starting Training!")
TrainIters(voc, pairs, encoder, decoder, encoder_optimizer,
    decoder_optimizer, embedding, encoder_n_layers,
    decoder_n_layers,n_iteration, batch_size,clip)
```

在运行上面代码时会输出类似于下面的提示信息:

```
.................................
Iteration: 3200; Percent complete: 80.0%; Average loss: 2.6378
Iteration: 3600; Percent complete: 90.0%; Average loss: 2.6365
Iteration: 4000; Percent complete: 100.0%; Average loss: 2.3849
```

6.3.7　用训练好的模型和机器进行对话

为了进行对话, 需要做一些准备:

1. 定义评估函数所需的贪婪搜索解码器.
2. 定义评估函数以进行对话.

贪婪搜索解码器 *

贪婪解码 (greedy decoding) 是指我们在训练中不使用 `teacher_forcing` 方法, 在每步, 只需从 `decoder_output` 选择具有最高 `softmax` 值的单词. 此解码方法在单个时间步长级别上最佳. 为此定义下面的 `GreedySearchDecoder` 类. 运行时, 输入大小为 (input_seq length, 1) 的输入 `input_seq`、一个长度为 `input_length` 的标量及最大步长的限制 `input_length`.

计算过程为:

1. 前向传播通过编码器.
2. 准备把编码器的最后一个隐藏层作为解码器输入的第一个隐藏输入.
3. 把解码器第一个输入作为 `SOS_token`.
4. 定义初始张量来存储词.
5. 每次迭代解码一个词:
   (1) 前向传播通过解码器.
   (2) 获得最有可能的词 token 及其 softmax 得分.
   (3) 记录 token 及其得分.
   (4) 准备将目前的 token 作为下一个解码器的输入.
6. 返回所有词 token 及其得分.

具体的 `GreedySearchDecoder` 类定义为;

```python
class GreedySearchDecoder(nn.Module):
    def __init__(self, encoder, decoder):
        super(GreedySearchDecoder, self).__init__()
        self.encoder = encoder
        self.decoder = decoder

    def forward(self, input_seq, input_length, max_length):
        # 编码器前向传播
        encoder_outputs, encoder_hidden = self.encoder(input_seq,
            input_length)
        # 把编码器最后隐藏层作为解码器第一个隐藏输入
```

```
        decoder_hidden = encoder_hidden[:decoder.n_layers]
        # 用SOS_token初始化解码器
        decoder_input = torch.ones(1, 1, device=device,
            dtype=torch.long) * SOS_token
        # 为装入词初始化张量
        all_tokens = torch.zeros([0], device=device, dtype=torch.long)
        all_scores = torch.zeros([0], device=device)
        # 逐次迭代词token于解码器
        for _ in range(max_length):
            # 解码器前向传播
            decoder_output, decoder_hidden = self.decoder(decoder_input,
                decoder_hidden, encoder_outputs)
            # 得到最可能的词token及其softmax得分
            decoder_scores, decoder_input = torch.max(decoder_output,
                dim=1)
            # 记录token及其得分
            all_tokens = torch.cat((all_tokens, decoder_input), dim=0)
            all_scores = torch.cat((all_scores, decoder_scores), dim=0)
            # 目前token作为解码器下一个输入(增加一维)
            decoder_input = torch.unsqueeze(decoder_input, 0)
        return all_tokens, all_scores
```

定义评估函数 *

需要评估输入句子的函数来做低水平的处理. 首先以 batch_size==1 的规模把输入批次的词转换成其索引的形式. 然后用 GreedySearchDecoder 得到解码的目标句子张量. 最后把目标的索引转换成词语输出解码后的词的 list.

validateInput 为聊天机器人的用户界面产生一个输入文本字段以输入问话语句. 键入输入句子并按回车键后, 文本将以与训练数据相同的方式进行规范化, 最终被反馈到评估函数以获得解码后的输出句子. 可以继续聊天直到输入 "q" 或 "quit" 为止. 如果输入的句子包含词汇表中没有的单词, 会有出错信息.

评估函数为:

```
def evaluate(encoder, decoder, searcher, voc, sentence,
    max_length=MAX_LENGTH):
    ### 把输入句子格式化为批次
    # 词=>索引
    indexes_batch = [indexesFromSentence(voc, sentence)]
    lengths = torch.tensor([len(indexes) for indexes in indexes_batch])
    input_batch = torch.LongTensor(indexes_batch).transpose(0, 1)
    input_batch = input_batch.to(device)
    lengths = lengths.to(device)
    # 解码器用searcher
```

```
        tokens, scores = searcher(input_batch, lengths, max_length)
        # 索引=>词
        decoded_words = [voc.index2word[token.item()] for token in tokens]
        return decoded_words


def evaluateInput(encoder, decoder, searcher, voc):
    input_sentence = ''
    while(1):
        try:
            # 输入句子
            input_sentence = input('> ')
            # 是否退出
            if input_sentence == 'q' or input_sentence == 'quit': break
            # 标准化
            input_sentence = NormalizeString(input_sentence)
            # 评估句子
            output_words = evaluate(encoder, decoder, searcher,
                voc, input_sentence)
            # 打印回答
            output_words[:] = [x for x in output_words if\
                not (x == 'EOS' or x == 'PAD')]
            print('Bot:', ' '.join(output_words))

        except KeyError:
            print("Error: Encountered unknown word.")
```

用训练完的模型对话

输入下面的代码:

```
encoder.eval()
decoder.eval()

# 初始贪婪搜索解码器
searcher = GreedySearchDecoder(encoder, decoder)

# 对话
evaluateInput(encoder, decoder, searcher, voc)
```

进行对话的过程可能为 (结果不一定完美):

```
> How about you
Bot: i don t want to talk about it .
> Are you all right
```

```
Bot: i m fine .
> I don't like it
Bot: you know what it is .
> No more to talk
Bot: no .
>
Bot: is it ?
> I don't know who you are
Bot: i m sorry .
> But you look nice
Bot: i m not .
> Are you a bad guy
Bot: no i m not .
> quit
```

第 7 章　用于自然语言处理的变换器

变换器 (transformer) 是 2017 年推出的深度学习模型, 如同 RNN, 变换器主要用于自然语言处理 (NLP) 的顺序数据, 以执行翻译和文本摘要之类的任务. 与 RNN 不同的是, 变换器不要求顺序数据一定按次序处理. 例如, 如果输入数据是自然语句, 则变换器不需要在结束之前处理它的开头. 因此, 与 RNN 相比, 变换器允许更多的并行化, 因此减少了训练时间.

自问世以来, 变换器已成为解决 NLP 中许多问题的首选模型, 取代了诸如 LSTM 等较早的循环神经网络模型. 由于变换器在训练过程中促进了更多的并行化, 因此与引入之前相比, 它可以对更大的数据集进行训练. 这导致了诸如 BERT[1](来自变换器的双向编码器表示) 和 GPT[2](生成式预训练变换器) 的预训练系统的开发, 这些系统已经通过庞大的通用语言数据集进行了训练, 并且可以针对特定的语言任务进行微调.

7.1　变换器的原理

对于并行化问题, 变换器试图通过使用卷积神经网络 (CNN) 和专注 (attention) 模型来解决. 专注提高了模型从一个序列转换到另一个序列的速度. 更具体地说, 变换器使用自我专注 (self-attention).

图 7.1.1 中上方图为变换器总体示意图, 其中包括了几个编码器和解码器, 编码器彼此非常相似, 具有相同的结构: 每个编码器由两层组成, 自我专注和前向神经网络 (见图 7.1.1 中左下图). 编码器的输入首先通过自我专注层, 它帮助编码器在编码特定单词时查看输入句子中的其他单词. 解码器不但具有这两个层, 而且在它们之间有一个专注层, 可以帮助解码器将注意力集中在输入句子的相关部分 (见图 7.1.1 中右下图).

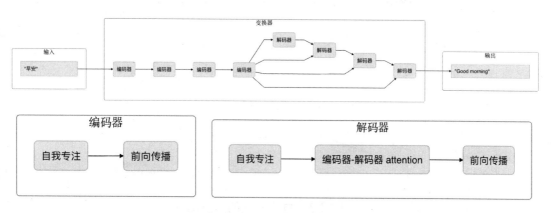

图 7.1.1　变换器示意图, 上图为总体, 下面左右图分别为编码器和解码器细节

---

[1] Bidirectional Encoder Representations from Transformers 的缩略语.

[2] Generative Pre-trained Transformer 的缩略语.

下面考察各种张量及它们在这些组件之间的流动方式, 以及如何将训练的模型的输入转换为输出. 通常, 在 NLP 应用程序中首先使用嵌入算法将每个输入字变成向量.

7.1.1 自我专注的原理

每个字或词[3]都在进入变换器后的第一个编码器中嵌入成为 (假定) 512 大小的向量中, 所有编码器全都接收一个 (512) 向量列表. 在第一个编码器中输入的是单词嵌入, 而在其他编码器中的输入是前一个编码器的输出. 在将单词嵌入输入序列后, 每个单词都通过编码器的两层.

变换器的一个关键属性就是每个位置的单词都流经编码器中自己的路径. 自我专注层中这些路径之间存在依赖关系. 但前向传播层不具有这些依赖性, 因此可以在流过前向传播层的同时按各种路径进行并行计算 (见图7.1.2).

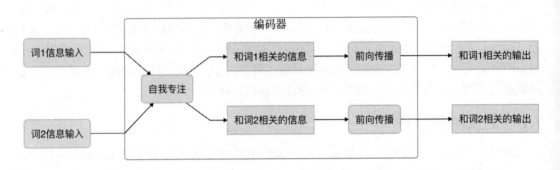

图 7.1.2　字词从进入一个编码器到输出的过程

假定一句话中只有四个单词: "we took the challenge", 然后看一下编码器每个子层中发生的情况 (见图7.1.3). 这句话中的 "took" 指的是什么? 对于人类来说, 这是一个简单的问题, 但对于算法而言却并非如此简单. 当模型处理 "took" 一词时, 自我专注使它与每个其他词相关联, "we" 为 "who took"; "challenge" 代表 "took what", 而如 "the" 仅仅是冠词而已.

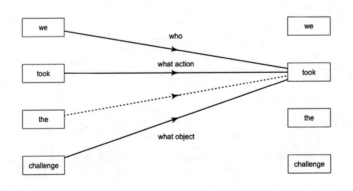

图 7.1.3　自我专注的示意图

---

[3]在英文里, 词和词都是分开的, 每个由空格分开的单元都是词, 最多加上标点等符号, 这些也叫 token (有人翻译成 "令牌"); 而在中文里, 字和字是挨着的, 单字和单字的组合都可能是词, 即 token. 因此把中文的词从句子中分出来成为 token 比拼音文字要困难. 无论如何, 在把文字转换成 token 之后 (该过程为 token 化), 计算机都把这些 token 转换成数字处理, 这对于各种文字是类似的.

在模型处理每个单词 (输入序列中的每个位置) 时, 自我专注使其能够查看输入序列中的其他位置以寻找线索, 从而有助于更好地对该单词进行编码. RNN 通过保持隐藏状态来使 RNN 将其已处理的先前单词/向量的表示形式与当前正在处理的单词/向量进行合并, 而自我专注则是变换器用来将其他相关单词的 ''理解'' 融入当前正在处理的单词的方法.

计算自我专注的第一步是从每个编码器的输入向量 (每个单词的嵌入) 创建三个向量. 对于每个单词, 我们创建一个查询向量 (query)、一个键向量 (key) 和一个值向量 (value). 这些序列通过嵌入乘以训练过程中训练的三个权重矩阵来创建.

这些新向量的维度小于嵌入向量的维数 (比如它们的维数为 64). 降低维度不是必需的, 只是一个选择, 使得多头专注计算保持恒定的结构选择. 而嵌入和编码器输入/输出向量的维数为 512.

以 x_i 表示第 i 个词的嵌入向量 (512 × 1), 而 $W^{(q)}$、$W^{(k)}$、$W^{(v)}$ 分别代表从 x_i 到查询向量 q_i、键向量 k_i 和值向量 v_i 变换所乘的权重. 用公式表示为 (假定这些向量均为 64 × 1 的行向量, 而 3 个权重维度均为 512 × 64):

$$q_i = xW^{(q)}, \quad k_i = xW^{(k)}, \quad v_i = xW^{(v)}, \quad i = 1, 2, \ldots$$

计算自我专注的下一步是计算一个记分. 在计算第一个单词的自我专注时, 需要根据该单词对输入句子的每个单词评分. 记分决定了在某个位置对单词进行编码时, 要在输入句子的其他部分上投入多少精力.

记分是通过将查询向量与所要记分的各个单词的关键字向量的点积产生的. 如果我们正在处理第一个单词的自我专注, 则第一个记分为点积 $q_1 k_1^\top$, 第二个记分为 $q_2 k_2^\top$, 等等, 得到一系列记分. 记 k_i 的维数为 d_k (这里等于 64). 然后将这些记分除以 $\sqrt{d_k}$ (这里 $\sqrt{d_k} = \sqrt{64} = 8$, 当然可以用其他值, 但 $\sqrt{d_k}$ 是一般软件的默认值), 再用 softmax 函数把这些记分转换成和等于 1 的概率度量 s_i:

$$s_i = \frac{\exp\left(\dfrac{q_i k_i^\top}{\sqrt{d_k}}\right)}{\sum_i \exp\left(\dfrac{q_i k_i^\top}{\sqrt{d_k}}\right)} = \text{softmax}\left(\frac{q_i k_i^\top}{\sqrt{d_k}}\right). \tag{7.1.1}$$

这个 softmax 记分确定每个单词在某位置将被表达多少.

下一步是将每个值向量 v_i 乘以 softmax 分数 s_i 并对其求和. 直觉是利用记分的大小保持我们要关注的单词的值完整, 并将无关的单词乘以很小的权重, 即 $z_i = s_i \odot v_i$, 也就是自我专注的输出.

如果记矩阵 $Q = \{q_i\}$, $K = \{k_i\}$, $V = \{v_i\}$, 则自我专注的输出可写为:

$$Z = \text{softmax}\left(\frac{QK^\top}{\sqrt{d_k}}\right) V. \tag{7.1.2}$$

7.1.2 多头专注

一组权重矩阵 $(\boldsymbol{W}^{(q)}, \boldsymbol{W}^{(k)}, \boldsymbol{W}^{(v)})$ 称为专注头 (attention head), 而变换器模型中的每一层都有多个专注头. 一个专注头对应于每个词 (token), 通过多个专注头, 例如, 对于每个词, 都有一些专注头, 主要是关注下一个单词, 或者主要关注动词到其直接宾语. 由于变换器模型具有多个专注头, 因此它们有可能捕获许多级别和类型的相关关系, 从表面级别到语义. 多专注头层的多个输出被传递到前向传播层.

在多头专注具有多组权重矩阵 $(\boldsymbol{W}^{(q)}, \boldsymbol{W}^{(k)}, \boldsymbol{W}^{(v)})$, 如果变换器使用 8 个专注头, 则每对编码器/解码器最终得到 8 组. 这些集合中的每一个都是随机初始化的, 然后, 通过训练将每个集合用于将输入的嵌入 (或来自较低编码器/解码器的向量)(均用 $\boldsymbol{X}$ 表示) 投影到不同的表示子空间中. 假定有 8 个专注头, 记词的数目为 N. 下面是多头专注的功能说明.

$$\underset{N \times 64}{\boldsymbol{X}} \overset{\boldsymbol{W}^{(q)}, \boldsymbol{W}^{(k)}, \boldsymbol{W}^{(v)}}{\Longrightarrow} \underset{N \times 64}{\boldsymbol{Z}_i} \quad (i = 0, 1, \ldots, 7) \Rightarrow \underset{N \times (64 \times 8)}{[\boldsymbol{Z}_0 | \boldsymbol{Z}_1 | \ldots | \boldsymbol{Z}_7]}; \tag{7.1.3}$$

$$\underset{N \times 64}{\boldsymbol{Z}} = \underset{N \times (64 \times 8)}{[\boldsymbol{Z}_0 | \boldsymbol{Z}_1 | \ldots | \boldsymbol{Z}_7]} \underset{(64 \times 8) \times 64}{\boldsymbol{W}^{(o)}}. \tag{7.1.4}$$

式 (7.1.3) 是对多个专注头得到的 $\{\boldsymbol{Z}_i\}$ 矩阵进行叠加, 而式 (7.1.4) 则用一个权矩阵 $\boldsymbol{W}^{(o)}$ 把维数降到设置的水平.

7.1.3 使用位置编码表示序列的顺序

为了解决输入序列中单词顺序的信息, 变换器增加一个向量到每个输入嵌入中. 这些向量遵循模型学习的特定模式以确定每个单词的位置或序列中不同单词之间的距离. 这些值添加到嵌入中后, 一旦将它们投影到 $\boldsymbol{Q}, \boldsymbol{K}, \boldsymbol{V}$ 向量中, 在点积专注时就可以提供嵌入向量之间有意义的距离.

具体来说, 由于我们的模型不包含递归和卷积, 为了使模型能够利用序列的顺序, 必须注入一些有关词语在序列中的相对或绝对位置的信息. 为此, 在编码器和解码器组合的输入嵌入中添加同样维度 (记为 d_m) 的位置编码 (positional encoding), 因为维度相同, 则二者可以相加. 位置编码有很多选择, 可以是学习来的或者是固定的. 作为一种固定的位置编码的例子, 使用不同频率的正弦和余弦函数:

$$\begin{aligned} PE_{(pos, 2i)} &= \sin\left(\frac{pos}{10000^{2i/d_m}}\right); \\ PE_{(pos, 2i+1)} &= \cos\left(\frac{pos}{10000^{2i/d_m}}\right). \end{aligned} \tag{7.1.5}$$

其中 pos 是位置, i 是维. 也就是说, 位置编码的每一维对应于正弦曲线. 波长形成从 2π 到 $10000 \times 2\pi$ 的几何级数. 之所以选择此函数是因为我们假设它会使模型容易学习关注相关的位置, 这是因为对于任何固定的偏移量 k, PE_{pos+k} 都可以表示为 PE_{pos} 的线性函数. 选择正弦曲线是因为它可以使模型外推到比训练过程使用的序列更长的序列长度. 研究表明, 学习来的和固定的位置编码方式的结果差不多.

7.2　预训练模块 Transformer

模块 `transformer`[4]提供了数千种经过预训练的模型, 可以对文本执行多种任务, 例如 100 多种语言的分类、信息提取、问题回答、摘要、翻译、文本生成等. 其目的是使尖端的 NLP 易于所有人使用. 只要下载这个模块 (如在终端用 `pip install transformers`), 就可以把自己的数据用于那些训练过的模型, 自己再进行微调. 这个模块得到 PyTorch 和 TensorFlow 两个主要深度学习模块的支持.

对各种应用, 只需从 `transformers` 装入导入各种应用的管道函数 `pipline` 即可以开始使用.

```
from transformers import pipeline
```

7.2.1　两个简单的即时例子

情感分析

输入预先训练好的情感分析模型 `'sentiment-analysis'` 来判断是正面还是负面情感:

```
classifier = pipeline('sentiment-analysis')# 下载需要时间
```

输入一句话 "It is great to learn deep learning." 看模型如何判断:

```
classifier('It is great to learn deep learning.')
```

输出为:

```
[{'label': 'POSITIVE', 'score': 0.9998034238815308}]
```

显然是正面, 而且以很高得分来肯定. 如果换一个句子: "He dislikes any party.":

```
classifier('He dislikes any party.')
```

输出为:

```
[{'label': 'NEGATIVE', 'score': 0.9949379563331604}]
```

这就确定是负面的了.

从上下文提取答案的模型

输入预先训练好的模型 `'question-answering'`:

```
question_answerer = pipeline('question-answering')
```

---

[4]https://github.com/huggingface/transformers.

输入问题 ("What is the future of data science?") 及上下文 ("Data science should abandon significance and apply machine lerning."):

```
question_answerer({
    'question': 'What is the future of data science?',
    'context': 'Data science should abandon significance and apply machine lerning.'
})
```

输出的答案为:

```
{'score': 0.3156715929508209,
 'start': 45,
 'end': 66,
 'answer': 'apply machine lerning.'}
```

7.2.2 Transformers 包含的模型

模块 Transformers 包含了来自不同创造者的各种模型, 包括 (括号内为创造者): BERT (Google), GPT (OpenAI), GPT-2 (OpenAI), Transformer-XL (Google/CMU), XLNet (Google/CMU), XLM (Facebook), RoBERTa (Facebook), DistilBERT (HuggingFace), CTRL (Salesforce), CamemBERT (Inria/Facebook/Sorbonne), ALBERT (Google Research 和 Toyota Technological Institute at Chicago), T5 (Google AI), XLM-RoBERTa (Facebook AI), MMBT (Facebook), Flau-BERT (CNRS), BART (Facebook), ELECTRA (Google Research/Stanford University), DialoGPT (Microsoft Research), Reformer (Google Research), MarianMT Machine translation models trained using OPUS data(Microsoft Translator Team), Longformer (AllenAI), DPR (Facebook), Pegasus (Google), MBart (Facebook), LXMERT (UNC Chapel Hill), Funnel Transformer (CMU/Google Brain), LayoutLM (Microsoft Research Asia), 以及其他各社区贡献的模型.

下面介绍上面模型中的两个.

7.2.3 BERT 模型

BERT[5]模型 (从变换器的双向编码器表示模型) 设计为事先训练的关于英语的深度学习模型, 它使用屏蔽语言建模 (masked language modeling, MLM) 对象.

作为一种变换器, BERT 以自我监督的方式在大量的英语数据集上进行了预训练. 这意味着只对原始文本进行了预训练, 在没有以任何人为方式为它们加上标签的情况下, 产生输入及标签的自动过程, 这就是它可以使用大量公开数据的原因. 更准确地说, 它经过了两个目标的预训练:

1. 屏蔽语言建模 (MLM): 该模型会对一个进入的句子随机屏蔽输入中 15%的词, 然后通过模型运行整个句子并预测被屏蔽的那部分词. 这不同于传统的逐个查看单词的递归神经网络 (RNN), 也不同于内部屏蔽未来词的 GPT 等自回归模型. MLM 允许模型学习句子的双向表示.

---

[5]Bidirectional Encoder Representations from Transformers 的缩略语.

2. 下一个句子预测 (next sentence prediction, NSP): 在预训练期间, 模型将两个被屏蔽的句子连接起来作为输入. 有时它们对应于原始文本中彼此相邻的句子, 有时不对应. 模型必须预测两个句子是否彼此跟随.

这样, 模型将学习英语的内部表示形式, 然后可用于提取对下游任务有用的特征. 例如, 如果用户具有带标签句子的数据集, 则可以使用 BERT 产生的特征来训练标准分类器模型作为输入.

BERT 模型的主要目的是针对使用 (可能被掩盖的) 整个句子做出决策的任务进行微调, 例如序列分类、词分类或问题解答. 对于诸如文本生成之类的任务, 可使用后面介绍的 GPT-2 模型.

无包装基本 BERT 模型的例子

在联网状态, 从 Transformer.pipeline 载入 'bert-base-uncased':

```
from transformers import pipeline
unmasker = pipeline('fill-mask', model='bert-base-uncased')
```

然后输入一个屏蔽了一个词的句子, 看程序如何找出被屏蔽的词:

```
unmasker("He is the [MASK] leader I have ever seen.")
```

输出为:

```
[{'sequence': '[CLS] he is the strongest leader i have ever seen. [SEP]',
  'score': 0.4764288663864136,
  'token': 10473,
  'token_str': 'strongest'},
 {'sequence': '[CLS] he is the greatest leader i have ever seen. [SEP]',
  'score': 0.213525999561214447,
  'token': 4602,
  'token_str': 'greatest'},
 {'sequence': '[CLS] he is the best leader i have ever seen. [SEP]',
  'score': 0.17194117605686188,
  'token': 2190,
  'token_str': 'best'},
 {'sequence': '[CLS] he is the only leader i have ever seen. [SEP]',
  'score': 0.028366006910800934,
  'token': 2069,
  'token_str': 'only'},
 {'sequence': '[CLS] he is the biggest leader i have ever seen. [SEP]',
  'score': 0.027470946311950684,
  'token': 5221,
  'token_str': 'biggest'}]
```

在 PyTorch 和 TensorFlow 中的使用

- **PyTorch:** 在联网状态, 可以模仿下面的代码:

```
# 载入模型
from transformers import BertTokenizer, BertModel
tokenizer = BertTokenizer.from_pretrained('bert-base-uncased')
model = BertModel.from_pretrained("bert-base-uncased")
# 文字例子
text = "Use machine learning model or statistics."
encoded_input = tokenizer(text, return_tensors='pt')
output = model(**encoded_input)
```

- **TensorFlow**: 在联网状态, 可以模仿下面的代码:

```
# 载入模型(如果网络不通畅可能很慢)
from transformers import BertTokenizer, TFBertModel
tokenizer = BertTokenizer.from_pretrained('bert-base-uncased')
model = TFBertModel.from_pretrained("bert-base-uncased")
# 文字例子
text = "Use machine learning model or statistics."
encoded_input = tokenizer(text, return_tensors='tf')
output = model(encoded_input)
```

7.2.4 GPT-2 模型

作为变换器之一的 **GPT-2** 模型为使用因果语言建模 (causal language modeling, CLM) 的英语预训练模型. 它以自我监督的方式在非常大的英语数据集上进行预训练. 这意味着只对原始文本进行了预训练, 没有以任何人为方式为其加上标签, 它是可以自动产生输入及标签的自动过程. 经过训练可以猜测句子中的下一个词.

GPT-2 模型的输入是一定长度的连续文本序列, 目标是向右位移一个单词的相同序列. 它在内部使用掩盖机制来确保对词的预测不使用将来的词. 模型以这种方式学习了英语的内部表示形式, 用来提取对下游任务有用的功能. 该模型最擅长根据提示生成文本的预训练方法.

实践

类似于 BERT 模型, 可以直接使用该模型, 也可以通过 PyTorch 和 TensorFlow, 示范代码如下 (需要联网, 网络通畅很重要):

- **直接使用**:

```
from transformers import pipeline
generator = pipeline('text-generation', model='gpt2')
generator("I'm just a programmer,", max_length=30,
    num_return_sequences=5)
```

- **PyTorch**:

```
from transformers import GPT2Tokenizer, GPT2Model
tokenizer = GPT2Tokenizer.from_pretrained('gpt2')
model = GPT2Model.from_pretrained('gpt2')
text = "Nothing is impossible."
encoded_input = tokenizer(text, return_tensors='pt')
output = model(**encoded_input)
```

- **TensorFlow**:

```
from transformers import GPT2Tokenizer, TFGPT2Model
tokenizer = GPT2Tokenizer.from_pretrained('gpt2')
model = TFGPT2Model.from_pretrained('gpt2')
text = "Nothing is impossible."
encoded_input = tokenizer(text, return_tensors='tf')
output = model(encoded_input)
```

7.3 seq2seq 变换器示范代码

本节案例代码来自网上[6], 它相当清楚地展示了前面介绍的变换器的各种功能, 但由于使用了比较概括的模块, 想了解细节则需要查询那些模块. 这里通过 PyTorch 的变换编码器模型 nn.TransformerEncoder 来处理一个语言建模的任务, 目的是给出一个句子 (词序列) 后面应该跟随的词或词序列的概率. 编码器的运作顺序如下:

1. 首先将一个词序列转换成嵌入.
2. 然后做位置编码.
3. 包含多个编码器层, 对输入需要一个自我专注屏蔽, 因为 nn.TransformerEncoder 仅关注序列较早的位置.
4. nn.TransformerEncoder 的输出需要经过一个具有对数 softmax 函数的线性层以得到词本身 (而不是数字).

7.3.1 模型

```
import math
import torch
import torch.nn as nn
import torch.nn.functional as F

class TransformerModel(nn.Module):

    def __init__(self, ntoken, ninp, nhead, nhid, nlayers, dropout=0.5):
        super(TransformerModel, self).__init__()
        from torch.nn import TransformerEncoder, TransformerEncoderLayer
```

---

[6]https://colab.research.google.com/github/pytorch/tutorials/blob/gh-pages/_downloads/transformer_tutorial.ipynb.

```
            self.model_type = 'Transformer'
            self.src_mask = None
            self.pos_encoder = PositionalEncoding(ninp, dropout)
            encoder_layers = TransformerEncoderLayer(ninp, nhead, nhid, dropout)
            self.transformer_encoder = TransformerEncoder(encoder_layers, nlayers)
            self.encoder = nn.Embedding(ntoken, ninp)
            self.ninp = ninp
            self.decoder = nn.Linear(ninp, ntoken)

            self.init_weights()

        def _generate_square_subsequent_mask(self, sz):
            mask = (torch.triu(torch.ones(sz, sz)) == 1).transpose(0, 1)
            mask = mask.float().masked_fill(mask == 0, float('-inf')).masked_fill(mask == 1,
                float(0.0))
            return mask

        def init_weights(self):
            initrange = 0.1
            self.encoder.weight.data.uniform_(-initrange, initrange)
            self.decoder.bias.data.zero_()
            self.decoder.weight.data.uniform_(-initrange, initrange)

        def forward(self, src):
            if self.src_mask is None or self.src_mask.size(0) != src.size(0):
                device = src.device
                mask = self._generate_square_subsequent_mask(src.size(0)).to(device)
                self.src_mask = mask

            src = self.encoder(src) * math.sqrt(self.ninp)
            src = self.pos_encoder(src)
            output = self.transformer_encoder(src, self.src_mask)
            output = self.decoder(output)
            return output
```

在上面子模块 TransformerModel 的代码中:

1. 从 torch.nn 引入了现成的 TransformerEncoder, 其变元有三个:

   (1) encoder_layer: TransformerEncoderLayer 模块的一个实例, 在上面的模型中取 TransformerEncoderLayer(ninp, nhead, nhid, dropout) (以 encoder_layers 的名义).

   (2) num_layers: 为编码器子层的数目, 这里取定义的主模型 TransformerModel 的 num_layers 值 (在后面数据拟合的超参数中等于 2).

   (3) norm: 各层标准化组件, 这是可选用的变元.

2. 从 torch.nn 引入现成的 TransformerEncoderLayer 来构造编码器, 它的变元有 5 个:

   (1) d_model: 输入中期望的变量数目, 在上面定义的模型中, d_model 取了上面定义的主模型 TransformerModel 的 ninp 值 (在后面数据拟合的超参数中等于 100).

(2) nhead: 多专注头模型中头的数目, 在上面定义的模型中 nhead 取了上面定义的主模型 TransformerModel 的 ninp 值 (在后面数据拟合的超参数中等于 2).

(3) dim_feedforward: 前向传播模型的维度 (默认值为 2048).

(4) dropout: 为防止过拟合而舍弃的样本比例 (默认值为 0.1).

(5) activation: 中间层的激活函数, relu 或 gelu 之一 (默认值为relu).

上面前两条的代码实例为:

```
from torch.nn import TransformerEncoder, TransformerEncoderLayer
encoder_layer = TransformerEncoderLayer(d_model=512, nhead=2)
transformer_encoder = nn.TransformerEncoder(encoder_layer, num_layers=3)
src = torch.rand(10, 32, 512)
out = transformer_encoder(src)

out.shape
```

变元 src 为输入编码器的序列的常用名字 (可能源于 "source"), 上面代码的输出为:

```
torch.Size([10, 32, 512])
```

3. 从 torch.nn 引进现成的 Embedding 来做嵌入, 5.1.5节对此已有详细解释.

4. Linear 为解码器的输出而用, 在4.1.2节已有详细的解释.

下面是对上面模型涉及的 PositionalEncoding 做定义, 该模块注入词在序列中的相对或绝对位置的信息. 位置编码的尺寸与嵌入的尺寸相同, 因此可以将两者相加. 这里使用不同频率的正弦和余弦函数. 这些在式 (7.1.5) 中已经描述过.

```
class PositionalEncoding(nn.Module):

    def __init__(self, d_model, dropout=0.1, max_len=5000):
        super(PositionalEncoding, self).__init__()
        self.dropout = nn.Dropout(p=dropout)

        pe = torch.zeros(max_len, d_model)
        position = torch.arange(0, max_len,
          dtype=torch.float).unsqueeze(1)
        div_term = torch.exp(torch.arange(0, d_model, 2).float() *\
          (-math.log(10000.0) / d_model))
        pe[:, 0::2] = torch.sin(position * div_term)
        pe[:, 1::2] = torch.cos(position * div_term)
        pe = pe.unsqueeze(0).transpose(0, 1)
        self.register_buffer('pe', pe)

    def forward(self, x):
        x = x + self.pe[:x.size(0), :]
        return self.dropout(x)
```

上面用于位置编码的 PositionalEncoding 的前向传播函数 forward 中:

1. 使用了这里定义的屏蔽函数 `_generate_square_subsequent_mask`.
2. 使用嵌入结果 `generateencoder(src)`.
3. 使用了编码器的结果 `transformer_encoder`.
4. 输出时做了线性变换 `decoder(output)`.

7.3.2 数据准备

这里的训练是使用模块 torchtext 的现成数据集 Wikitext-2. 作为词汇集合的 vocab 对象是基于训练集建立的, 并用于把数字化的词 (token) 转换成张量. batchify() 函数把序列分成每批次一列的矩阵集合 (最后不足一个批次数量的就舍弃了).

```
import torchtext
from torchtext.data.utils import get_tokenizer
TEXT = torchtext.data.Field(tokenize=get_tokenizer("basic_english"),
                            init_token='<sos>',
                            eos_token='<eos>',
                            lower=True)
train_txt, val_txt, test_txt = torchtext.datasets.WikiText2.splits(TEXT)
TEXT.build_vocab(train_txt)
device = torch.device("cuda" if torch.cuda.is_available() else "cpu")

def batchify(data, bsz):
    data = TEXT.numericalize([data.examples[0].text])
    # Divide the dataset into bsz parts.
    nbatch = data.size(0) // bsz
    # Trim off any extra elements that wouldn't cleanly fit (remainders).
    data = data.narrow(0, 0, nbatch * bsz)
    # Evenly divide the data across the bsz batches.
    data = data.view(bsz, -1).t().contiguous()
    return data.to(device)

batch_size = 20
eval_batch_size = 10
train_data = batchify(train_txt, batch_size)
val_data = batchify(val_txt, eval_batch_size)
test_data = batchify(test_txt, eval_batch_size)
```

下面是生成输入序列和目标序列的函数 get_batch():

```
bptt = 35
def get_batch(source, i):
    seq_len = min(bptt, len(source) - 1 - i)
    data = source[i:i+seq_len]
    target = source[i+1:i+1+seq_len].view(-1)
    return data, target
```

上面的 get_batch() 函数为变换器模型生成输入序列和目标序列. 它将源数据细分为长度为 bptt 的块. 下面用一段代码来直观说明它是如何运作的, 这里的数据是一个 6×3 的矩阵, 代表长度为 6 的 3 个批次. 然后用上面函数 (稍微改变以把 bptt 作为变元).

```
def get_batch2(source, bptt,i):
    seq_len = min(bptt, len(source) - 1 - i)
    data = source[i:i+seq_len]
    target = source[i+1:i+1+seq_len].view(-1)
    print('bptt={},i={},\ndata={}\ntarget={}'.format(bptt,i,data,target))

import torch
a = torch.from_numpy(np.arange(18)).view(6,3)
get_batch2(a,3,0);get_batch2(a,3,1);get_batch2(a,2,1)
```

以下显示输出了 bptt=3,i=0, bptt=3,i=1 和 bptt=2,i=1 时, 输入序列和目标序列的各种情况. 显然 bptt 表明用多长的数据作为输入, 而 i 表示作为目标的后续数据间隔多远: i=0 意味着目标数据紧挨着输入, i=1 意味着目标数据与输入相隔 1 个, 等等.

```
bptt=3,i=0,
data=tensor([[0, 1, 2],
        [3, 4, 5],
        [6, 7, 8]])
target=tensor([ 3,  4,  5,  6,  7,  8,  9, 10, 11])
bptt=3,i=1,
data=tensor([[ 3,  4,  5],
        [ 6,  7,  8],
        [ 9, 10, 11]])
target=tensor([ 6,  7,  8,  9, 10, 11, 12, 13, 14])
bptt=2,i=1,
data=tensor([[3, 4, 5],
        [6, 7, 8]])
target=tensor([ 6,  7,  8,  9, 10, 11])
```

7.3.3 训练模型

确定超参数以确定模型

```
ntokens = len(TEXT.vocab.stoi) # 字典词汇量
emsize = 200 # embedding 维度
nhid = 200 # 编码器前向传播维度
nlayers = 2 # 编码器层数
nhead = 2 # 多头专注的头数
dropout = 0.2 # 舍弃数据的百分比
model = TransformerModel(ntokens, emsize, nhead, nhid,
```

```
    nlayers, dropout).to(device)
```

显示具体模型的各层:

```
model.eval() # 或 print(model)
```

输出为:

```
TransformerModel(
  (pos_encoder): PositionalEncoding(
    (dropout): Dropout(p=0.2, inplace=False)
  )
  (transformer_encoder): TransformerEncoder(
    (layers): ModuleList(
      (0): TransformerEncoderLayer(
        (self_attn): MultiheadAttention(
          (out_proj): _LinearWithBias(in_features=200, out_features=200, bias=True)
        )
        (linear1): Linear(in_features=200, out_features=200, bias=True)
        (dropout): Dropout(p=0.2, inplace=False)
        (linear2): Linear(in_features=200, out_features=200, bias=True)
        (norm1): LayerNorm((200,), eps=1e-05, elementwise_affine=True)
        (norm2): LayerNorm((200,), eps=1e-05, elementwise_affine=True)
        (dropout1): Dropout(p=0.2, inplace=False)
        (dropout2): Dropout(p=0.2, inplace=False)
      )
      (1): TransformerEncoderLayer(
        (self_attn): MultiheadAttention(
          (out_proj): _LinearWithBias(in_features=200, out_features=200, bias=True)
        )
        (linear1): Linear(in_features=200, out_features=200, bias=True)
        (dropout): Dropout(p=0.2, inplace=False)
        (linear2): Linear(in_features=200, out_features=200, bias=True)
        (norm1): LayerNorm((200,), eps=1e-05, elementwise_affine=True)
        (norm2): LayerNorm((200,), eps=1e-05, elementwise_affine=True)
        (dropout1): Dropout(p=0.2, inplace=False)
        (dropout2): Dropout(p=0.2, inplace=False)
      )
    )
  )
  (encoder): Embedding(28785, 200)
  (decoder): Linear(in_features=200, out_features=28785, bias=True)
)
```

定义训练函数和评估函数

首先确定损失函数、优化方法及学习率, 进而定义训练函数和评估函数.

```
criterion = nn.CrossEntropyLoss()
lr = 5.0 # Learning rate
optimizer = torch.optim.SGD(model.parameters(), lr=lr)
```

```
scheduler = torch.optim.lr_scheduler.StepLR(optimizer, 1.0, gamma=0.95)

import time
def train():
    model.train() # Turn on the train mode
    total_loss = 0.
    start_time = time.time()
    ntokens = len(TEXT.vocab.stoi)
    for batch, i in enumerate(range(0, train_data.size(0) - 1, bptt)):
        data, targets = get_batch(train_data, i)
        optimizer.zero_grad()
        output = model(data)
        loss = criterion(output.view(-1, ntokens), targets)
        loss.backward()
        torch.nn.utils.clip_grad_norm_(model.parameters(), 0.5)
        optimizer.step()

        total_loss += loss.item()
        log_interval = 200
        if batch % log_interval == 0 and batch > 0:
            cur_loss = total_loss / log_interval
            elapsed = time.time() - start_time
            print('| epoch {:3d} | {:5d}/{:5d} batches | '
                  'lr {:02.2f} | ms/batch {:5.2f} | '
                  'loss {:5.2f} | ppl {:8.2f}'.format(
                    epoch, batch, len(train_data) // bptt, scheduler.get_lr()[0],
                    elapsed * 1000 / log_interval,
                    cur_loss, math.exp(cur_loss)))
            total_loss = 0
            start_time = time.time()

def evaluate(eval_model, data_source):
    eval_model.eval() # Turn on the evaluation mode
    total_loss = 0.
    ntokens = len(TEXT.vocab.stoi)
    with torch.no_grad():
        for i in range(0, data_source.size(0) - 1, bptt):
            data, targets = get_batch(data_source, i)
            output = eval_model(data)
            output_flat = output.view(-1, ntokens)
            total_loss += len(data) * criterion(output_flat, targets).item()
    return total_loss / (len(data_source) - 1)
```

迭代训练模型

```
best_val_loss = float("inf")
epochs = 3 # The number of epochs
best_model = None

for epoch in range(1, epochs + 1):
    epoch_start_time = time.time()
```

```
    train()
    val_loss = evaluate(model, val_data)
    print('-' * 89)
    print('| end of epoch {:3d} | time: {:5.2f}s | valid loss {:5.2f} | '
          'valid ppl {:8.2f}'.format(epoch, (time.time() - epoch_start_time),
                                     val_loss, math.exp(val_loss)))
    print('-' * 89)

    if val_loss < best_val_loss:
        best_val_loss = val_loss
        best_model = model

    scheduler.step()
```

以上代码输出的最后几行为:

```
9 | ppl   219.55
| epoch   3 |  2600/ 2981 batches | lr 4.29 | ms/batch 378.86 | loss 5.40 | ppl  222.00
| epoch   3 |  2800/ 2981 batches | lr 4.29 | ms/batch 379.93 | loss 5.33 | ppl  206.58
-----------------------------------------------------------------------------------------
| end of epoch   3 | time: 1183.68s | valid loss  5.50 | valid ppl   243.89
-----------------------------------------------------------------------------------------
```

用训练集做交叉验证

```
test_loss = evaluate(best_model, test_data)
print('=' * 89)
print('| End of training | test loss {:5.2f} | test ppl {:8.2f}'.format(
    test_loss, math.exp(test_loss)))
print('=' * 89)
```

以上代码输出的验证结果为:

```
=========================================================
| End of training | test loss  5.40 | test ppl   220.88
=========================================================
```

第 8 章　现代 Hopfield 网络

8.1　概　论

Hopfield 网络 (Hopfield network) 于 1970 年代引入, 由 Hopfield (1982)[1]进行普及. 在机器学习历史的大部分时间里, Hopfield 网络由于自身的缺点和诸如用于 BERT 等的变换器的引进而渐渐不被人关注.

Hopfield 网络的要点是**关联记忆**或**关联存储** (associative memories), 其主要目的是将输入与其最相似的模式相关联, 目的是存储和检索模式[2]. Hopfield 网络充当具有二进制阈值节点 (binary threshold node) 的内容可寻 (content-addressable) 关联记忆系统. 它们保证收敛到局部最小值, 因此, 可能会收敛到错误的模式 (错误的本地最小值), 而不是存储的模式 (预期的本地最小值).

LSTM 的共同创建者 Sepp Hochreiter 与一组研究人员一起, 重新研究了 Hopfield 网络, 并得出了令人惊讶的结论. Ramsauer et al. (2008) 在题为《Hopfield 网络就是您所需要的一切》(Hopfield networks is all you need) 的论文中[3], 介绍了使 Hopfield 网络与最新的变换器模型互换的几个要素. 我们称这篇论文提出的对 Hopfield 网络的更新版本为**现代 Hopfield 网络** (modern Hopfield network).

8.2　传统的 Hopfield 网络

考虑传统的 Hopfield 网络, 将 N 个**存储模式** (stored patterns) 表示为 $\{\boldsymbol{x}_i\}_{i=1}^{N}$, 或者记为

$$\boldsymbol{X} = (\boldsymbol{x}_1, \boldsymbol{x}_2, \ldots, \boldsymbol{x}_N).$$

在传统的 Hopfield 网络中, 这些模式是极性或二元的 (polar 或 binary), 即 $\boldsymbol{x}_i \in \{-1, 1\}^d$, 其中 d 是模式的长度. 并将任何状态模式或状态表示为 $\boldsymbol{\xi}$.

上面对于模式的二元限制在实践中可以理解为黑白网格那样的离散图形, 每个图形都是一个由二元像素 (按照 d 维二元向量记录) 组成的状态或模式 (即这里的 $\boldsymbol{\xi}$). 如果存储了 N 个图片 (这里记为 $\{\boldsymbol{x}_i\}_{i=1}^{N}$), 在应用中, 我们往往需要根据一个 (可能属于存储模式之一, 但并不完全相同的) 新图片 (记为 $\boldsymbol{\xi}$) 来寻找出它是存储模式中的哪一个, 这就是检索或回收的一个简单目的.

---

[1]Hopfield J J. (1982) Neural networks and physical systems with emergent collective computational abilities. Proceedings of the National Academy of Sciences, 79(8):2554–2558.

[2]这里的检索 (retrieve) 也可以翻译成回收或者再现. 假定有一个图片 (也可能受到部分损坏或加入了噪声), 人们试图从存储的图片库 (即存储的模式) 中把它寻找出来, 这个过程就称为检索/回收/再现.

[3]Ramsauer H, Schäfl B, Lehner J, Seidl P, Widrich M, Gruber L, Holzleitner M, Pavlovic M, Sandve G K, Greiff V, Kreil D, Kopp M, Klambauer G, Brandstetter J, and Hochreiter S. (2020) Hopfield networks is all you need, arXiv: 2008.02217.

最简单的**关联记忆** (associative memory) 只是我们想要存储的 N 个模式的**外积之和** (sum of outer products), 相应的权重矩阵 $\boldsymbol{W}$ 为:

$$\boldsymbol{W} = \sum_{i}^{N} \boldsymbol{x}_i \boldsymbol{x}_i^{\top}. \tag{8.2.1}$$

权重矩阵 $\boldsymbol{W}$ 存储可以从一个**状态模式** $\boldsymbol{\xi}$ 开始能检索到的那些模式. 检索过程是一个迭代更新过程, 每次都从一个状态 (比如 $\boldsymbol{\xi}^t$) 更新到一个新状态 (比如 $\boldsymbol{\xi}^{t+1}$), 直到满足某种设定的条件为止. 下面介绍更新规则.

更新规则及能量函数

基本的**同步更新规则** (synchronuous update rule) 是将状态模式 $\boldsymbol{\xi}$ 与权重矩阵 $\boldsymbol{W}$ 重复相乘, 减去偏差并取符号:

$$\boldsymbol{\xi}^{t+1} = \operatorname{sgn}\left(\boldsymbol{W}\boldsymbol{\xi}^t - \boldsymbol{b}\right), \tag{8.2.2}$$

其中 $\boldsymbol{b} \in \mathbb{R}^d$ 是一个偏差向量, 可以将其解释为每个分量的阈值. **异步更新规则** (asynchronous update rule) 仅对 $\boldsymbol{\xi}$ 的一个组件 (one component) 执行此更新, 然后选择下一个要更新的组件. 如果 $\boldsymbol{\xi}^{t+1} = \boldsymbol{\xi}^t$ 则达到收敛.

更新规则式 (8.2.2) 最小化**能量函数** (energy function)E:

$$E = -\frac{1}{2}\boldsymbol{\xi}^{\top}\boldsymbol{W}\boldsymbol{\xi} + \boldsymbol{\xi}^{\top}\boldsymbol{b} = -\frac{1}{2}\sum_{i=1}^{d}\sum_{j=1}^{d}w_{ij}\xi_i\xi_j + \sum_{i=1}^{d}b_i\xi_i. \tag{8.2.3}$$

对于异步更新规则和对称权重, $E\left(\boldsymbol{\xi}^{t+1}\right) \leqslant E\left(\boldsymbol{\xi}^t\right)$ 成立. 当 $E\left(\boldsymbol{\xi}^{t+1}\right) = E\left(\boldsymbol{\xi}^t\right)$ 时, 对于更新 $\boldsymbol{\xi}^t$ 的每个分量, 在 E 中达到局部最小值. 所有的存储模式 $\{\boldsymbol{x}_i\}_{i=1}^{N}$ 都应该是 Hopfield 网络的固定点, 即

$$\boldsymbol{\xi} = \operatorname{sgn}\left(\boldsymbol{W}x_i - \boldsymbol{b}\right). \tag{8.2.4}$$

它们甚至应该是 E 的局部最小值.

这里在迭代过程中使用权重而不是能量函数, 但能量函数的概念在将要介绍的现代 Hopfield 网络中将会代替权重作为迭代更新的基础.

Hopfield 网络性能讨论

在实践中发现, Hopfield 网络的检索模式是不完善的. 有人怀疑 Hopfield 网络的存储容量有限就是问题所在. 实际上, 存储容量并不直接导致不完善的检索. **无错误模式检索** (retrieval of patterns free of errors) 的存储容量为:

$$C \cong \frac{d}{2\log(d)}, \tag{8.2.5}$$

其中 d 是输入维数.

小误差模式检索 (retrieval of patterns with a small percentage of errors) 的存储容量为:

$$C \cong 0.14d \ . \tag{8.2.6}$$

因此, 存储容量不足并不直接导致检索错误. 相反, 人们发现, 可能的**示例模式相关性**反而产生检索错误. **允许拉开紧密的模式**, 以便 (强) 相关的模式可以区分.

8.3　现代 Hopfield 网络

8.3.1　新能量函数

由于存储容量是 Hopfield 网络的关键之一, 现代 Hopfield 网络, 又名密集联想记忆 (Dense Associative Memories), 引入了新的能量函数, 而不是式 (8.2.3) 中的能量函数, 创造了更高的存储容量. Krotov and Hopfield (2016)[4]引入了下面的能量函数:

$$E = -\sum_{i=1}^{N} F(\boldsymbol{x}_i^\top \boldsymbol{\xi}) \ , \tag{8.3.1}$$

其中, F 是交互函数 (interaction function); N 是存储模式的数量. 他们选择了多项式相互作用函数 $F(z) = z^a$.

无错误模式检索的存储容量为:

$$C \cong \frac{1}{2(2a-3)!!} \frac{d^{a-1}}{\log(d)} \ . \tag{8.3.2}$$

小错误模式检索的存储容量为:

$$C \cong \alpha_a d^{a-1} \ , \tag{8.3.3}$$

其中, α_a 是一个常数, 它取决于错误概率的 (任意) 阈值. 作为特例, 当 $a = 2$, 可以得到具有存储容量的经典 Hopfield 模型 (Hopfield, 1982) 对小错误模式检索 $C \cong 0.14d$ 的值.

Demircigil et al. (2017)[5] 通过使用指数相互作用函数 $F(z) = \exp(z)$ 扩展能量函数:

$$E = -\sum_{i=1}^{N} \exp(\boldsymbol{x}_i^\top \boldsymbol{\xi}) \ , \tag{8.3.4}$$

其中, N 是存储模式的数量.

式 (8.3.4) 也可以写成:

$$E = -\exp\big(\mathrm{lse}(1, \boldsymbol{X}^\top \boldsymbol{\xi})\big) \ , \tag{8.3.5}$$

其中, $\boldsymbol{X} = (\boldsymbol{x}_1, \boldsymbol{x}_2, \ldots, \boldsymbol{x}_N)$ 是数据矩阵 (存储模式的矩阵), 而 lse 为**指数和的对数** (log-sum-

---

[4]Krotov D, Hopfield J J. (2016) Dense associative memory for pattern recognition, arXiv:1606.01164, https://arxiv.org/abs/1606.01164.

[5]Demircigil M, Heusel J, Löwe M, Upgang S, and Vermet F. (2017) On a model of associative memory with huge storage capacity, arXiv:1702.01929, https://arxiv.org/abs/1702.01929.

exp function, lse) 定义为:

$$\mathrm{lse}(\beta, \boldsymbol{z}) = \beta^{-1} \log \left(\sum_{l=1}^{N} \exp(\beta z_l) \right). \tag{8.3.6}$$

该能量函数导致存储容量为:

$$C \cong 2^{\frac{d}{2}}. \tag{8.3.7}$$

8.3.2 更新规则

现在我们看一下**更新规则** (update rule), 该规则对于式 (8.3.1) 及式 (8.3.4) 都有效. 对于极性模式 (polar patterns), 即 $\boldsymbol{\xi} \in \{-1, 1\}^d$, 我们用 $\boldsymbol{\xi}[l]$ 表示第 l 个分量. 使用式 (8.3.1) 及式 (8.3.4) 的能量函数, 第 l 个分量 $\boldsymbol{\xi}[l]$ 的更新规则通过当前状态 $\boldsymbol{\xi}$ 的能量与翻转了的分量 $\boldsymbol{\xi}[l]$ 的状态的能量之差来描述. 分量 $\boldsymbol{\xi}[l]$ 被更新以减小能量. 更新规则为:

$$\boldsymbol{\xi}^{\mathrm{new}}[l] = \mathrm{sgn}\Big[-E(\boldsymbol{\xi}^{(l+)}[l]) + E(\boldsymbol{\xi}^{(l-)}[l])\Big], \tag{8.3.8}$$

这时 (例如对于式 (8.3.4)):

$$\boldsymbol{\xi}^{\mathrm{new}}[l] = \mathrm{sgn}\Big[\sum_{i=1}^{N} \exp(\boldsymbol{x}_i^{\top} \boldsymbol{\xi}^{(l+)}[l]) - \sum_{i=1}^{N} \exp(\boldsymbol{x}_i^{\top} \boldsymbol{\xi}^{(l-)}[l])\Big], \tag{8.3.9}$$

其中, $\boldsymbol{\xi}^{(l+)}[l] = 1, \boldsymbol{\xi}^{(l-)}[l] = -1$ 及 $\boldsymbol{\xi}^{(l+)}[k] = \boldsymbol{\xi}^{(l-)}[k] = \boldsymbol{\xi}[k]$ (对于 $k \neq l$).

Demircigil et al. (2017) 表明, 使式 (8.3.4) 的能量函数最小的**更新规则**在一次 (异步) 更新当前状态 $\boldsymbol{\xi}$ 之后高概率收敛. 注意, 当前状态 $\boldsymbol{\xi}$ 的一个更新对应于 d 个异步更新步骤, 即针对 d 个单个分量 $\boldsymbol{\xi}[l]$ ($l = 1, 2, \dots, d$) 中的每一个的一个更新.

与经典的 Hopfield 网络相反, 现代 Hopfield 网络没有经典 Hopfield 网络的权重矩阵. 相反, 现代 Hopfield 网络的能量函数是每个存储模式 $\boldsymbol{x}_i$ 与状态模式 $\boldsymbol{\xi}$ 的点积的函数的和.

8.3.3 用于连续值模式和状态的新能量函数及更新规则

把式 (8.3.5) 的能量函数推广到连续值模式. 我们使用负能量方程式 (8.3.5) 的对数, 并添加一个二次项. 二次项可确保状态 $\boldsymbol{\xi}$ 的范数保持有限. **新能量函数**定义为:

$$\begin{aligned}
E &= -\mathrm{lse}(\beta, \boldsymbol{X}^{\top}\boldsymbol{\xi}) + \frac{1}{2}\boldsymbol{\xi}^{\top}\boldsymbol{\xi} + \beta^{-1}\log N + \frac{1}{2}M^2 \\
&= -\beta^{-1}\log\left(\sum_{i=1}^{N}\exp(\beta\boldsymbol{x}_i\boldsymbol{\xi})\right) + \frac{1}{2}\boldsymbol{\xi}^{\top}\boldsymbol{\xi} + \beta^{-1}\log N + \frac{1}{2}M^2,
\end{aligned} \tag{8.3.10}$$

它由 N 个**连续**的存储模式通过矩阵 $\boldsymbol{X} = (\boldsymbol{x}_1, \boldsymbol{x}_2, \dots, \boldsymbol{x}_N)$ 构造而成, 其中 M 是所有存储模式中的最大范数, 即

$$M = \max_i \|\boldsymbol{x}_i\|.$$

根据 Krotov and Hopfield (2016), 现代 Hopfield 网络的存储模式 $\boldsymbol{X}^{\top}$ 可以看作从 $\boldsymbol{\xi}$ 到隐

藏单元的权重, 而 $\boldsymbol{X}$ 可以看作从隐藏单元到 $\boldsymbol{\xi}$ 的权重. 根据这种解释, 我们并不存储模式, 而是像在经典的 Hopfield 网络中那样仅在模型中使用权重.

式 (8.3.10) 的能量函数等式允许通过凹凸过程 (Concave-Convex-Procedure , CCCP) 导出一个状态模式 $\boldsymbol{\xi}$ 的更新规则, 根据 Yuille and Rangarajan (2002) [6]的描述, 有下面结果:

- 总能量 $E(\boldsymbol{\xi})$ 分为凸项和凹项: $E(\boldsymbol{\xi}) = E_1(\boldsymbol{\xi}) + E_2(\boldsymbol{\xi})$.
- 项 $0.5\boldsymbol{\xi}^\top \boldsymbol{\xi} + C = E_1(\boldsymbol{\xi})$ 是凸的 (C 是一个独立于 $\boldsymbol{\xi}$ 的常数).
- 项 $-\mathrm{lse}\left(\beta, \boldsymbol{X}^\top \boldsymbol{\xi}\right) = E_2(\boldsymbol{\xi})$ 是凹的 (因为 Hessian 是正半定的, 所以 lse 是凸的).
- 应用于 E 的 CCCP 为:

$$\nabla_{\boldsymbol{\xi}} E_1(\boldsymbol{\xi}^{t+1}) = -\nabla_{\boldsymbol{\xi}} E_2(\boldsymbol{\xi}^t) \tag{8.3.11}$$

$$\nabla_{\boldsymbol{\xi}} \left(\frac{1}{2}\boldsymbol{\xi}^\top \boldsymbol{\xi} + C\right)(\boldsymbol{\xi}^{t+1}) = \nabla_{\boldsymbol{\xi}} \mathrm{lse}\left(\beta, \boldsymbol{X}^\top \boldsymbol{\xi}^t\right) \tag{8.3.12}$$

$$\boldsymbol{\xi}^{t+1} = \boldsymbol{X}\,\mathrm{softmax}\left(\beta \boldsymbol{X}^\top \boldsymbol{\xi}^\top\right), \tag{8.3.13}$$

其中 $\nabla_{\boldsymbol{\xi}} \mathrm{lse}\left(\beta, \boldsymbol{X}^\top \boldsymbol{\xi}\right) = \boldsymbol{X}\,\mathrm{softmax}\left(\beta \boldsymbol{X}^\top \boldsymbol{\xi}\right)$.

因此, 状态模式 $\boldsymbol{\xi}$ 的更新规则为:

$$\boldsymbol{\xi}^{\mathrm{new}} = \boldsymbol{X}\,\mathrm{softmax}\left(\beta \boldsymbol{X}^\top \boldsymbol{\xi}\right). \tag{8.3.14}$$

应用凹凸程序获得更新规则可确保能量函数单调递减.

Ramsauer et al. (2008) 在其定理 2、定理 3 及定理 4 中表明**新能量函数的最重要属性**是:

1. 全局收敛到局部最小值.
2. 指数存储容量.
3. 一个更新步骤后的收敛.

指数存储容量和一个更新步骤后的收敛是从 Demircigil et al. (2017) 继承的. 全局收敛到局部最小值意味着由式 (8.3.14) 的迭代生成的所有极限点是式 (8.3.10) 的能量函数的固定点 (局部最小值或鞍点).

8.3.4 新能量函数更新与变换器自我关注的等价性

本节说明新能量函数的更新与变换器网络自我关注的等价性 (参见7.1.1节).

首先, 将新的更新规则推广到多个模式, 并且做到关联空间的投影. 对于 S 个状态模式 $\boldsymbol{\Xi} = (\boldsymbol{\xi}_1, \boldsymbol{\xi}_2, \ldots, \boldsymbol{\xi}_S)$, 式 (8.3.13) 可概括为:

$$\boldsymbol{\Xi}^{\mathrm{new}} = \boldsymbol{X}\,\mathrm{softmax}\left(\beta \boldsymbol{X}^\top \boldsymbol{\Xi}\right). \tag{8.3.15}$$

我们首先将 $\boldsymbol{X}^\top$ 视为 N 个原始存储模式 $\boldsymbol{Y} = (\boldsymbol{y}_1, \boldsymbol{y}_2, \ldots, \boldsymbol{y}_N)^\top$, 通过 $\boldsymbol{W}_K$ 映射到一个关联空间, 而 $\boldsymbol{\Xi}^\top$ 作为 S 个原始状态模式 $\boldsymbol{R} = (\boldsymbol{\xi}_1, \boldsymbol{\xi}_2, \ldots, \boldsymbol{\xi}_S)^\top$, 通过 $\boldsymbol{W}_Q$ 映射到关联空间.

设置

$$\boldsymbol{Q} = \boldsymbol{\Xi}^\top = \boldsymbol{R}\boldsymbol{W}_Q, \tag{8.3.16}$$

---

[6]Yuille A L, Rangarajan A. (2002) The concave-convex procedure (CCCP). In Dietterich T G, Becker S, and Ghahramani Z, editors, *Advances in Neural Information Processing Systems* 14, pages 1033–1040. MIT Press.

$$K = X^\top = YW_K , \tag{8.3.17}$$

$$\beta = \frac{1}{\sqrt{d_k}} , \tag{8.3.18}$$

可得

$$(Q^{\text{new}})^\top = K^\top \text{softmax}\left(\frac{1}{\sqrt{d_k}} KQ^\top\right) . \tag{8.3.19}$$

在式 (8.3.16) 和式 (8.3.17) 中, W_Q 和 W_K 是将各自的模式映射到关联空间的矩阵. 注意在式 (8.3.19) 中, 将 softmax 逐列应用于矩阵 $KQ^\top$.

接下来, 我们简单地转置式 (8.3.19), 这也意味着 softmax 现在按行应用于其转置输入 $QK^\top$, 并获得

$$Q^{\text{new}} = \text{softmax}\left(\frac{1}{\sqrt{d_k}} QK^\top\right) K . \tag{8.3.20}$$

现在, 我们只需要通过另一个投影矩阵 W_V 来投影 Q^{new}:

$$Z = Q^{\text{new}} W_V = \text{softmax}\left(\frac{1}{\sqrt{d_k}} QK^\top\right) KW_V = \text{softmax}\left(\frac{1}{\sqrt{d_k}} QK^\top\right) V , \tag{8.3.21}$$

这就是7.1.1节的式 (7.1.2), 也就是说, 我们已经得到了**变换器的关注**. 如果将 N 个原始存储模式 $Y = (y_1, y_2, \ldots, y_N)^\top$ 用作原始状态模式 R, 将会获得变换器的**自我专注**.

8.3.5 新 Hopfield 层

如果我们用原始存储模式 Y 和原始状态模式 R 重新替代, 则可以重写式 (8.3.21) 为:

$$Z = \text{softmax}(\beta \cdot RW_Q W_K^\top Y^\top) YW_K W_V , \tag{8.3.22}$$

这是 Ramsauer et al. (2008) 的 PyTorch Hopfield 层的基础. 式 (8.3.22) 中的 Z 是输出的相当于自我专注的结果模式, 为原始存储模式 Y、原始状态模式 R 及投影矩阵 W_Q, W_K, W_V 的函数, 因此式 (8.3.22) 可以写成下面的形式:

$$Z = f(Y, R, W_Q, W_K, W_V) = \text{softmax}(\beta \cdot RW_Q W_K^\top Y^\top) YW_K W_V . \tag{8.3.23}$$

图8.3.1为 Hopfield 层的示意图. 为了理解图8.3.1及上述结果, 我们回顾一下投影到关联空间的过程及投影矩阵:

$$R = (\xi_1, \xi_2, \ldots, \xi_S)^\top \xRightarrow{W_Q} Q = RW_Q;$$

$$Y = (y_1, y_2, \ldots, y_N)^\top \xRightarrow{W_K} K = YW_K;$$

$$K \xRightarrow{W_V} V = KW_V.$$

多功能 Hopfield 层 (versatile Hopfield layer) 的模块在网页 `https://github.com/ml-jku/hopfield-layers` 中有提供, 其功能超越了自我关注.

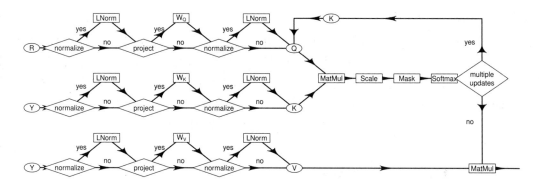

图 8.3.1 新 Hopfield 层

我们在现代 Hopfield 网络上的工作所产生的见解使我们能够引入新的 PyTorch Hopfield 层, 该层可用作现有层的即时替代以及诸如多实例学习、基于集合和置换不变学习、联想学习等应用上. 图8.3.1中的正则化及投影等在 Hopfield 层中的 (yes-no) 选项 (及默认值) 为:

```
normalize_stored_pattern: bool = True,
normalize_stored_pattern_affine: bool = True,
normalize_state_pattern: bool = True,
normalize_state_pattern_affine: bool = True,
normalize_pattern_projection: bool = True,
normalize_pattern_projection_affine: bool = True,
normalize_hopfield_space: bool = False,
normalize_hopfield_space_affine: bool = False,
stored_pattern_as_static: bool = False,
state_pattern_as_static: bool = False,
pattern_projection_as_static: bool = False,
pattern_projection_as_connected: bool = False,
stored_pattern_size: Optional[int] = None,
pattern_projection_size: Optional[int] = None,
```

图8.3.1中总的向前传播要点为:

1. 输入数据到 Hopfield 关联模型.
2. 存储、填补 (padding) 及屏蔽 (mask) 模式.
3. 应用屏蔽于内部关联矩阵.
4. 把处理过的输入数据输出.

使用新 Hopfield 层做检索

可以使用新的 Hopfield 层做模式检索. 这时, 不需要可训练的权重 $\boldsymbol{W}_Q, \boldsymbol{W}_K, \boldsymbol{W}_V$, 这时 $\boldsymbol{Z}$ 为检索结果, $\boldsymbol{R}$ 为输入的模式 (可能与某些存储模式相似), $\boldsymbol{Y}$ 为存储模式. 下面是公式:

$$\boldsymbol{Z} = \text{softmax}(\beta \boldsymbol{R} \boldsymbol{Y}^{\top}) \boldsymbol{Y}. \tag{8.3.24}$$

使用新 Hopfield 层做池化

如果仅存在一个静态查询模式, 可将 Hopfield 层视为池化层. 然后对序列做池化. 静态模式被视为原型模式, 因此可以在 Hopfield 池化层中学习. 假定 $\boldsymbol{Y}$ 序列长度为 n, 模式 (嵌入) 尺寸为 k, 想要把它池化为长度 m $(< n)$ 的 $\boldsymbol{Z}$, 再假定隐藏层大小为 h, 则作为池化层的 Hopfield 层为:

$$\underset{m \times k}{\boldsymbol{Z}} = \text{softmax}\Big(\beta \underset{m \times h}{\boldsymbol{R}} \underset{h \times k}{\boldsymbol{W}_K^\top} \underset{k \times n}{\boldsymbol{Y}^\top}\Big) \underset{n \times k}{\boldsymbol{Y}} \underset{k \times h}{\boldsymbol{W}_K} \underset{h \times k}{\boldsymbol{W}_V}. \tag{8.3.25}$$

8.4 现代 Hopfield 网络例子

直到 2020 年 9 月, 关于现代 Hopfield 网络的例子并不多. 我们希望有兴趣的读者运行与 Ramsauer et al. (2008) 有关的博客所使用的例子[7]. 除了现代 Hopfield 网络的模型之外, 他们还提供了三个现代 Hopfield 网络的说明性例子, 其中有一个还同时展示了基于 Hopfield 的池在基于专注的深度多实例学习中的应用, 那里引用了 Ilse et al. (2018)[8]及 Zhang et al. (2018)[9]及有关代码.

只要按照相应网站的说明 (包括README.md中的说明), 了解及运行这些代码没有任何问题. 这里就不做更多解释了.

---

[7]所有背景知识、模型代码和数据链接都可以在网址https://ml-jku.github.io/hopfield-layers/及https://github.com/AMLab-Amsterdam/AttentionDeepMIL找到和下载.

[8]Ilse M, Tomczak J M, and Welling M. (2018). Attention-based deep multiple instance learning. arXiv preprint arXiv:1802.04712, 代码网址https://github.com/AMLab-Amsterdam/AttentionDeepMIL.

[9]Zhang J, Shi X, Xie J, Ma H, King I, and Yeung D-Y. (2018) GaAN: gated attention networks for learning on large and spatiotemporal graphs, arXiv.org > cs > arXiv:1803.07294.

第四部分

深度学习的 TensorFlow 实现

第 9 章　通过例子进入 TensorFlow

9.1　分类例子: 皮肤病

例 9.1 (原数据: dermatology.data, 填补缺失值后的数据: derm.csv) **皮肤病数据**. 数据来自 Ilter 和 Güvenir. 参看 Güvenir, Demiröz and Ilter(2006)[1]. 该数据中的缺失值是用问号 "?" 标识的.

　　该数据的维数为 366×35. 数据涉及 366 个红斑鳞状细胞疾病 (erythemato-squamous diseases) 患者的数据, 包含一个称为**因变量** (response) 或**响应变量**的目标变量 (皮肤病类型) 及 34 个**自变量或预测变量**, 其中 32 个是有序变量, 1 个是数量变量 age(年龄), 一个是定性变量 family history(家族史). 该数据是关于鉴别红斑鳞状细胞疾病的具体类型. 有监督学习的目的是建立模型, 然后通过利用 34 个自变量判定因变量属于表9.1.1的 6 种类型中的哪一种. 该数据的因变量名为 class (类型, 一共 6 种水平, 用哑元表示: 1, 2, 3, 4, 5, 6), 简称 V35. 属于**临床属性**的 12 个自变量及属于**组织病理学属性**的 22 个自变量情况见表9.1.2.

　　红斑鳞状细胞疾病的鉴别诊断是皮肤病学中的一个问题. 这类疾病都具有红斑和鳞屑的临床特征, 差异很小. 通常, 活组织检查对于诊断是必需的. 这些疾病也具有许多组织病理学特征. 鉴别诊断的另一个困难是疾病可能在开始阶段显现另一种类型疾病的特征, 并且也可能具有后面阶段的特征. 患者首先在临床上评估了 12 个特征, 除了 age (年龄) 及 family history (家族史, 0 为没有, 1 为有) 之外, 用 0,1,2,3 打分, 0 表示不存在这个特征, 1, 2, 3 表示严重性, 数值越大越严重, 然后, 采集皮肤样品, 通过显微镜分析确定 22 个组织病理学特征的值 (也取值 0,1,2,3, 含义同前).

表 9.1.1　例9.1皮肤病类型

红斑鳞状细胞疾病类型		在数据中的患者个数
英文	中文	
psoriasis	牛皮癣	112
seborrhoeic dermatitis	脂溢性皮炎	61
lichen planus	扁平苔藓	72
pityriasis rosea	玫瑰糠疹	49
cronic dermatitis	慢性皮炎	52
pityriasis rubra pilaris	毛发红糠疹	20

---

[1]该数据网址为: `http://archive.ics.uci.edu/ml/datasets.html?format=&task=&att=mix&area=&numAtt=&numIns=&type=&sort=dateDown&view=table`.

表 9.1.2 例9.1皮肤病例自变量

临床属性:(取值 0,1, 2, 3)

简称	数据文件原英文名	中文
V1	erythema	红斑
V2	scaling	脱皮
V3	definite borders	边界清楚
V4	itching	瘙痒
V5	Koebner phenomenon	Koebner 现象
V6	polygonal papules	多角形丘疹
V7	follicular papules	滤泡性丘疹
V8	oral mucosal involvement	口腔粘膜受累
V9	knee and elbow involvement	膝盖和肘部受累
V10	scalp involvement	头皮受累
V11	family history (0 or 1)	家族史 (0 或 1)
V34	Age	年龄 (整数)

组织病理学属性:(取值 0,1,2,3)

简称	数据文件原英文名	中文
V12	melanin incontinence	黑色素失禁
V13	eosinophils in the infiltrate	浸润的嗜酸性粒细胞
V14	PNL infiltrate	PNL 渗透
V15	fibrosis of the papillary dermis	乳头层真皮的纤维化
V16	exocytosis	胞吐
V17	acanthosis	棘皮症
V18	hyperkeratosis	角化过度
V19	parakeratosis	角化不全
V20	clubbing of the rete ridges	钉突呈杵状
V21	elongation of the rete ridges	钉突伸长
V22	thinning of the suprapapillary epidermis	乳头层上表皮变薄
V23	spongiform pustule	海绵状脓疱
V24	Munro microabcess	Munro 微脓肿
V25	focal hypergranulosis	局灶性颗粒过多
V26	disappearance of the granular layer	颗粒层消失
V27	vacuolisation and damage of basal layer	基底细胞空泡化和损伤
V28	spongiosis	海绵层水肿
V29	saw-tooth appearance of retes	锯齿状的膜层外观
V30	follicular horn plug	毛囊角栓
V31	perifollicular parakeratosis	毛囊角化不全
V32	inflammatory monoluclear infiltrate	炎性细胞浸润
V33	band-like infiltrate	带状浸润

9.1.1 用通常的 Python 预处理数据

载入模块

```
import pandas as pd
import numpy as np

import matplotlib.pyplot as plt
%matplotlib inline

import seaborn as sns
sns.set(style="darkgrid")
```

读入数据并哑元化自变量及因变量 (注意哑元化方法不同)

```
w=pd.read_csv('derm.csv')
X=pd.get_dummies(w.iloc[:,:-2].astype('category'))
X['V34']=w['V34']
X=X.values

y = pd.get_dummies(w.V35, prefix='V35').values
y.shape,X.shape
```

输出为:

```
((366, 6), (366, 130))
```

注意, 如果使用y=pd.get_dummies(y.astype('category')).values 会使得 y 变量的维数为 366×12, 这是错误的. 目前的 X 和 y 都是 numpy.ndarray 类型. 还可以用下面 pandas 对象的点图代码来显示因变量的分布图 (见图9.1.1).

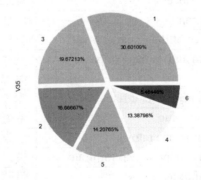

图 9.1.1　例9.1因变量 6 种皮肤病的饼图

```
w.V35.value_counts().plot(kind='pie',
    autopct='%0.05f%%',colors=['lightblue',
    'lightgrey', 'orange', 'pink','yellow','red'],
    explode=(0.05, 0.05, 0.05,0.05, 0.05,0.05))
```

9.1.2 划分训练集 (80%) 和测试集 (20%)

下面的代码随机划分数据中的 80% 为训练集, 其余 20% 为测试集, 并输出它们的维度:

```
from sklearn.model_selection import train_test_split
X_train, X_test, y_train, y_test = train_test_split(X, y, test_size=0.20,
    random_state=42)
[x.shape for x in (X_train, X_test, y_train, y_test)]
```

输出为:

```
[(292, 130), (74, 130), (292, 6), (74, 6)]
```

9.1.3 用 TensorFlow 定义神经网络

借助 TensorFlow 的 API (应用程序编程接口, application programming interface)[2], 可以很容易定义所需要的神经网络模型. 下面首先导入可能需要的模块.

```
# 导入模块函数
import tensorflow as tf
from tensorflow.keras.layers import Input, Dense, Activation, Dropout,
    Flatten, LSTM, InputLayer
from tensorflow.keras.models import Model, Sequential
from tensorflow.keras.utils import plot_model
```

定义神经网络

```
input_layer = Input(shape=(X.shape[1],))
dense_layer_1 = Dense(15, activation='relu')(input_layer)
dense_layer_2 = Dense(10, activation='relu')(dense_layer_1)
output = Dense(y.shape[1], activation='softmax')(dense_layer_2)
```

这里定义神经网络是很直接的:

1. Input 定义输入数据张量, 必须输入数据大小 (shape), 这里是自变量的个数, 对于我们的数据, 原先的 34 个自变量在哑元化之后变成 130 个 (X.shape[1]). **它已经 "记住了" 这个数目, 以后的各层不必再输入这个维度.**

---

[2] 一般来说, 应用程序编程接口是一个计算接口, 它定义了多个软件之间的连接、可以进行的调用或请求的类型、如何进行调用、应使用的数据格式、遵循的约定等等. 它还可以提供扩展机制, 以便用户可以通过各种方式扩展现有功能. 在不同程度上, API 可以完全针对组件定制, 也可以根据行业标准进行设计以确保互操作性. 通过信息隐藏, API 启用了模块化编程, 从而让用户可以做到使用接口独立于目标的实现.

2. 后面两层 Dense 表示的是 2 个完全连接的隐藏层, 分别有 15 个及 10 个隐藏层节点; 它们的激活函数均设定为 activation='relu'; 它们后面的括号表示它前面一层的对象名字 (分别为 input_layer 和 dense_layer_1).

3. 最后的输出层也是完全连接的 (Dense), 只不过由于因变量是分类变量, 使用 softmax 激活函数, 这里注明了输出层有 6 个节点.

命名并编译模型

```
model = Model(inputs=input_layer, outputs=output)
model.compile(loss='categorical_crossentropy', optimizer='adam',
    metrics=['acc'])
```

对于上面代码的说明如下:

1. 这里用 Model(赋值给对象 model) 函数确定了模型的 inputs 和 outputs 变元为前面定义的对象 input_layer 及 output (之间的隐藏层已经在这些对象的定义中确定了).

2. 后面的 compile 确定了使用什么损失函数 (这里选择分类交叉熵, 也就是 loss 取 'categorical_crossentropy', 与 PyTorch 中 CrossEntropyLoss() 等价)、何种优化 (这里是 optimizer='adam') 以及 metric. metric 是用于判断模型性能的函数, 它与损失函数相似, 但在训练模型时不使用, 可以使用任何损失函数作为metric. 这里用的 ['acc'] 是指用模块 tf.keras.metrics 中的函数 BinaryAccuracy(name="binary_accuracy", threshold=0.5) 计算的二分类准确度. 公式为精确值 (取 0/1 值) 等于预测值的舍入 (0 或 1) 结果的均值. 其中阈值为舍入标准 (默认的 threshold=0.5 为四舍五入).

查看网络

```
print(model.summary())
```

输出为:

```
Model: "functional_11"

Layer (type)              Output Shape           Param #
=================================================================
input_13 (InputLayer)     [(None, 130)]          0

dense_47 (Dense)          (None, 15)             1965

dense_48 (Dense)          (None, 10)             160

dense_49 (Dense)          (None, 6)              66
=================================================================
```

```
Total params: 2,191
Trainable params: 2,191
Non-trainable params: 0

None
```

可见, 这种定义的网络类型为 functional. 还有对这个问题功能相同的 sequential 类型, 平行于 PyTorch 中的 Sequential. 注意上面的输出 (及图9.1.2) 中的 input_13 及 dense_48 中的数值没有实质性的意义, 它们仅仅记录计算机使用这些函数的次数, 如果你重复定义几次, 这些数值还会改变.

　　上面的输出可用图表示 (见图9.1.2).

```
plot_model(model,rankdir='LR')
```

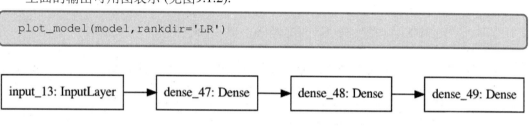

图 9.1.2　例9.1 functional 分类神经网络图

序贯 (sequential) 网络定义

　　下面给出和上面模型类似的两种序贯 (sequential) 类型网络的定义方式, 一种是一次包括所有层, 另一种是一层一层往里加.

```
model_1 = Sequential([
  InputLayer(input_shape=(X.shape[1],)),
  Dense(15, activation='relu'),
  Dense(10, activation='relu'),
  Dense(y.shape[1], activation='softmax')
])
model_1.compile(
  loss='categorical_crossentropy',
  optimizer='adam', metrics=['acc'])
```

```
model_2 = Sequential()
model_2.add(Input(shape=(X.shape[1],)))
model_2.add(Dense(15, activation='relu'))
model_2.add(Dense(10, activation='relu'))
model_2.add(Dense(y.shape[1],
  activation='softmax'))
model_2.compile(
  loss='categorical_crossentropy',
  optimizer='adam', metrics=['acc'])
```

模型 functional 和 sequential 的区别

　　Sequential API 对大多数问题可以逐层创建神经网络模型, 它的局限性在于它不允许创建共享层或具有多个输入或输出的模型. 而 Functional API 允许更大灵活性的模型, 因为可以轻松定义模型, 其中各层不仅可以连接到上一层和下一层, 而且可以将层连接到任何其他层以构成复杂的网络.

9.1.4 拟合、评价及预测

　　在 TensorFlow 中, 拟合、评价及预测包括三个部分 (model.fit(), model.evaluate(), model.predict()).

拟合

```
history = model.fit(X_train, y_train, batch_size=8, epochs=50, verbose=2,
    validation_split=0.2)
```

拟合代码比较简单, 指出批次大小 (batch_size)、纪元数 (epochs) 及交叉验证测试集的比例 (validation_split). 另一个选项为 verbose, 这是在拟合时打印结果的格式, 如果 verbose=0 则不打印, verbose=1 则显示进度条, 下面是 verbose=2 的输出的最后两行:

```
Epoch 49/50
30/30 - 0s - loss: 4.7168e-05 - acc: 1.0000 - val_loss: 0.0888 - val_acc: 0.9661
Epoch 50/50
30/30 - 0s - loss: 4.6588e-05 - acc: 1.0000 - val_loss: 0.0864 - val_acc: 0.9661
```

由于在拟合中赋值给了对象 history, 结果中的 history.history 为一个 dict, 其内容就是上面输出的 4 个数组. 使用下面代码可以查看:

```
for i in history.history:
    print(i,history.history[i][-2:])
```

输出为:

```
loss [5.520694230654044e-06, 5.436257197288796e-06]
acc [1.0, 1.0]
val_loss [0.10274884104728699, 0.09813836961984634]
val_acc [0.9661017060279846, 0.9661017060279846]
```

测试集交叉验证精度

```
score = model.evaluate(X_test, y_test, verbose=2)

print("Test Score:", score[0])
print("Test Accuracy:", score[1])
```

输出为:

```
3/3 - 0s - loss: 0.0798 - acc: 0.9865
Test Score: 0.07978004217147827
Test Accuracy: 0.9864864945411682
```

预测

用训练完了的模型 (对测试集最后几个观测值) 做预测, 并且和因变量的真实值比较:

```
np.round(model.predict(X_test[-5:])),y_test[-5:]
```

输出为:

```
(array([[0., 1., 0., 0., 0., 0.],
        [0., 0., 1., 0., 0., 0.],
        [0., 0., 1., 0., 0., 0.],
        [0., 0., 0., 1., 0., 0.],
        [1., 0., 0., 0., 0., 0.]], dtype=float32),
 array([[0, 1, 0, 0, 0, 0],
        [0, 0, 1, 0, 0, 0],
        [0, 0, 1, 0, 0, 0],
        [0, 0, 0, 1, 0, 0],
        [1, 0, 0, 0, 0, 0]], dtype=uint8))
```

测试集的混淆矩阵

```
pred=np.round(model.predict(X_test))
CM=np.zeros((6,6));
for k in range(len(X_test)):
    for i in range(6):
        for j in range(6):
            if int(pred[k][j])==1 and y_test[k][i]==1:
                CM[i,j]+=1
CM
```

输出的混淆矩阵为:

```
array([[30.,  1.,  0.,  0.,  0.,  0.],
       [ 0.,  9.,  0.,  0.,  0.,  0.],
       [ 0.,  0., 13.,  0.,  0.,  0.],
       [ 0.,  1.,  0.,  7.,  0.,  0.],
       [ 0.,  0.,  0.,  0., 10.,  0.],
       [ 0.,  0.,  0.,  0.,  0.,  3.]])
```

9.1.5　数据形式转换

预处理数据

直接处理原始数据:

```
# 读入及哑元化
w=pd.read_csv('derm.csv')
w_X=pd.get_dummies(w.iloc[:,:-2].astype('category'))
```

```
w_X['V34']=w['V34']
w_y = pd.get_dummies(w.V35, prefix='V35')

#分成训练及测试集
from sklearn.model_selection import train_test_split
X_tr, X_te, y_tr, y_te = train_test_split(w_X, w_y, test_size=0.20,
    random_state=42)

X_tr.shape,X_te.shape,y_tr.shape,y_te.shape,
```

输出的维数为:

```
((292, 130), (74, 130), (292, 6), (74, 6))
```

转换成 TensorFlow 数据的两种形式

下面的代码把上面得到的数据转换成两种自变量形式的数据 (plain 及 dict 形式), 其中 plain 形式用 (train,test) 表示, 而 dict 形式用 (train_d,test_d) 表示, 每一种形式都包含了各自的自变量及因变量.

```
# plain 形式
train = tf.data.Dataset.from_tensor_slices((X_tr, y_tr.values))
test = tf.data.Dataset.from_tensor_slices((X_te, y_te.values))
# dict 形式:
train_d = tf.data.Dataset.from_tensor_slices((dict(X_tr), y_tr.values))
test_d = tf.data.Dataset.from_tensor_slices((dict(X_te), y_te.values))
```

代码的原始数据 (如 y_te 和 y_tr) 在转换过程中用了 y_te.values 和 y_tr.values 这是因为它们是 Pandas 数据框; 如果是 NumPy 数据就不用加 .values, 因为 y_te.values 和 np.array(y_te) 等价.

展示非 dict 数据

```
# 显示train
for feat, targ in train.batch(5).take(1):
    print ('Features: \n{}, Target: {}'.format(feat, targ))
```

部分输出为:

```
Features:
[[ 0.  1.  0.  0.  0.  1.  0.  0.  1.  0.  0.  0.  0.  0.  1.  0.  1.  0.
   0.  0.  1.  0.  0.  0.  1.  0.  0.  0.  1.  0.  0.  0.  1.  0.  0.  0.
   1.  0.  0.  0.  1.  0.  1.  0.  0.  0.  1.  0.  0.  1.  0.  0.  0.  0.
```

```
 0. 0. 1. 0. 1. 0. 0. 0. 0. 1. 0. 1. 0. 0. 0. 0. 1. 0.
 0. 1. 0. 0. 0. 0. 0. 0. 1. 1. 0. 0. 0. 1. 0. 0. 0. 1.
 0. 0. 0. 1. 0. 0. 0. 1. 0. 0. 0. 1. 0. 0. 0. 1. 0. 0.
 0. 1. 0. 0. 0. 1. 0. 0. 0. 1. 0. 0. 0. 0. 0. 1. 0. 1.
 0. 0. 0. 68.]
 .....................................
 0. 0. 0. 56.]], Target: [[0 0 0 0 1 0]
[0 0 0 0 1 0]
[0 1 0 0 0 0]
[0 0 0 0 1 0]
[0 0 0 0 1 0]]
```

在上面的代码中:

1. `train.batch(5)` 是一个长度为训练集样本量除以批次大小 (这里是 5) 所得到的 (不舍只入的) 整数 (等于 `np.ceil(len(train)/5)`) 的数组, 每一组有 5 个观测值.
2. `train.batch(5).take(2)` 是 `train.batch(5)` 中的前 2 个批次.

展示 dict 数据

使用自定义的函数展示:

```
# 对于dict的数据
def show_batch(dataset):
    for batch, label in dataset.take(1):
        print('target:',label)
        for key, value in batch.items():
            print("{:20s}: {}".format(key,value.numpy()))


# 显示train_d
show_batch(train_d.batch(5))
```

部分输出为:

```
target: tf.Tensor(
[[0 0 0 0 1 0]
 [0 0 0 0 1 0]
 [0 1 0 0 0 0]
 [0 0 0 0 1 0]
 [0 0 0 0 1 0]], shape=(5, 6), dtype=uint8)
V1_0                : [0 0 0 0 0]
V1_1                : [1 0 0 1 0]
V1_2                : [0 1 0 0 1]
V1_3                : [0 0 1 0 0]
V2_0                : [0 0 0 0 1]
```

9.1.6 拟合非 dict 数据的模型

plain 数据的拟合

还是使用先前的模型, 下面的代码除了 `model.fit` 不同之外和前面的无异, 区别在于输入的数据是包含了自变量和因变量数据的已经分了批次的 `train.batch(5)`(而不是原先的分别代表自变量和因变量的两个 **NumPy** 数组), 而且由于有了批次大小, 也没有 `batch_size` 选项了.

```python
input_layer = Input(shape=(X_tr.shape[1],))
dense_layer_1 = Dense(15, activation='relu')(input_layer)
dense_layer_2 = Dense(10, activation='relu')(dense_layer_1)
output = Dense(y_tr.shape[1], activation='softmax')(dense_layer_2)

model = Model(inputs=input_layer, outputs=output)
model.compile(loss='categorical_crossentropy', optimizer='adam',
  metrics=['acc'])

model.fit(train.batch(5), epochs=50,verbose=2)
```

拟合的输出最后两行为:

```
Epoch 49/50
59/59 - 0s - loss: 0.0220 - acc: 0.9932
Epoch 50/50
59/59 - 0s - loss: 0.0215 - acc: 0.9932
```

汇总模型:

```python
model.summary()
```

输出为:

```
Model: "functional_13"

Layer (type)              Output Shape            Param #
=================================================================
input_14 (InputLayer)     [(None, 130)]           0

dense_50 (Dense)          (None, 15)              1965

dense_51 (Densc)          (None, 10)              160

dense_52 (Dense)          (None, 6)               66
=================================================================
Total params: 2,191
```

```
Trainable params: 2,191
Non-trainable params: 0
```

交叉验证

这个和前面的代码相同 (除数据形式之外):

```
score = model.evaluate(test.batch(5), verbose=2)

print("Test Score:", score[0])
print("Test Accuracy:", score[1])
```

输出为:

```
15/15 - 0s - loss: 0.0338 - acc: 0.9865
Test Score: 0.03383968397974968
Test Accuracy: 0.9864864945411682
```

测试集的混淆矩阵

使用原先用过的类似代码来得到测试集的混淆矩阵.

```
pred=np.round(model.predict(test.batch(1)))
CM=np.zeros((6,6));
for k in range(pred.shape[0]):
    for i in range(6):
        for j in range(6):
            if int(pred[k][j])==1 and y_te.iloc[k][i]==1:
                CM[i,j]+=1
CM
```

输出为:

```
array([[31.,  0.,  0.,  0.,  0.,  0.],
       [ 0.,  9.,  0.,  0.,  0.,  0.],
       [ 0.,  0., 13.,  0.,  0.,  0.],
       [ 0.,  1.,  0.,  7.,  0.,  0.],
       [ 0.,  0.,  0.,  0., 10.,  0.],
       [ 0.,  0.,  0.,  0.,  0.,  3.]])
```

9.1.7 拟合 dict 数据的模型 *

仍用前面的模型 (第一行稍加改动, 注意这里的 X_tr 是 Pandas 对象, 而前面的 X_train 是 NumPy 对象):

```
inputs = {key: tf.keras.layers.Input(shape=(), name=key) \
   for key in X_tr.keys()}
x = tf.stack(list(inputs.values()), axis=-1)
x = tf.keras.layers.Dense(15, activation='relu')(x)
x = tf.keras.layers.Dense(10, activation='relu')(x)
output = tf.keras.layers.Dense(y_tr.shape[1], activation='softmax')(x)

model_func = tf.keras.Model(inputs=inputs, outputs=output)

model_func.compile(loss='categorical_crossentropy', optimizer='adam',
   metrics=['acc'])

model_func.fit(train_d.batch(5), epochs=50,verbose=2)
```

输出的最后两行为:

```
Epoch 49/50
59/59 - 0s - loss: 0.0137 - acc: 1.0000
Epoch 50/50
59/59 - 0s - loss: 0.0129 - acc: 1.0000
```

测试集验证:

```
test_loss, test_acc = model_func.evaluate(test_d.batch(5), verbose=2)
test_loss, test_acc
```

输出为:

```
15/15 - 0s - loss: 0.0325 - acc: 0.9865
[0.032534945756196976, 0.9864864945411682]
```

模型汇总:

```
model_func.summary()
```

最后一部分输出为 (前面有单独哑元化的自变量的输出,这里略去):

```
dense_56 (Dense)     (None, 15)     1965     tf_op_layer_stack_1[0][0]

dense_57 (Dense)     (None, 10)     160      dense_56[0][0]

dense_58 (Dense)     (None, 6)      66       dense_57[0][0]
============================================================
Total params: 2,191
Trainable params: 2,191
```

```
Non-trainable params: 0
```

测试集的混淆矩阵

预测及得到混淆矩阵的代码和前面类似, 这里只生成测试集的混淆矩阵:

```
pred=np.round(model_func.predict(test_d.batch(1)))
CM=np.zeros((6,6));
for k in range(pred.shape[0]):
    for i in range(6):
        for j in range(6):
            if int(pred[k][j])==1 and y_te.iloc[k][i]==1:
                CM[i,j]+=1
CM
```

输出为:

```
array([[31.,  0.,  0.,  0.,  0.,  0.],
       [ 0.,  9.,  0.,  0.,  0.,  0.],
       [ 0.,  0., 13.,  0.,  0.,  0.],
       [ 0.,  1.,  0.,  7.,  0.,  0.],
       [ 0.,  0.,  0.,  0., 10.,  0.],
       [ 0.,  0.,  0.,  0.,  0.,  3.]])
```

9.2 回归例子

例 9.2 (concrete.csv) **混凝土强度**. 该数据包含了混凝土的 7 种成分、时间以及抗压强度等 9 个变量. 共有 1030 个观测值. 这些变量为 Cement (水泥)、Blast.Furnace.Slag (高炉矿渣)、Fly.Ash (粉煤灰)、Water (水)、Superplasticizer (超塑化剂)、Coarse.Aggregate (粗骨料)、Fine.Aggregate (细骨料)、Age (时间)、Compressive.strength (抗压强度). 其中除了 Age (时间) 单位是天, Compressive.strength (抗压强度) 为 MPa (兆帕) 之外, 全部是在 m3 号混合中的 kg (千克) 数. 数据来自 Yeh(1998)[3].

这个数据中的 Compressive.strength (抗压强度) 是因变量, 而其他变量为自变量.

9.2.1 读入数据, 使用通常的 Python 预处理

读入数据并查看前面三行:

```
w=pd.read_csv('concrete.csv')
print(w.head(3))
```

输出为:

---

[3]可从网页https://archive.ics.uci.edu/ml/datasets/Concrete+Compressive+Strength下载.

```
     Cement  Blast.Furnace.Slag  Fly.Ash  Water  Superplasticizer  \
0    540.0                  0.0      0.0  162.0               2.5
1    540.0                  0.0      0.0  162.0               2.5
2    332.5                142.5      0.0  228.0               0.0

     Coarse.Aggregate  Fine.Aggregate  Age  Compressive.strength
0              1040.0           676.0   28                 79.99
1              1055.0           676.0   28                 61.89
2               932.0           594.0  270                 40.27
```

把数据分成训练集和测试集:

```
X = w.iloc[:, 0:8].values
y = w.iloc[:, 8].values
from sklearn.model_selection import train_test_split
X_train, X_test, y_train, y_test = train_test_split(X, y, test_size=0.2,
    random_state=0)
```

9.2.2 建立回归神经网络模型, 拟合及精度验证

```
input_layer = Input(shape=(X.shape[1],))
dense_layer_1 = Dense(100, activation='relu')(input_layer)
dense_layer_2 = Dense(50, activation='relu')(dense_layer_1)
dense_layer_3 = Dense(25, activation='relu')(dense_layer_2)
output = Dense(1)(dense_layer_3)

model = Model(inputs=input_layer, outputs=output)
model.compile(loss="mean_squared_error" , optimizer="adam",
  metrics=["mean_squared_error"])

model.summary()
```

上面模型的定义形式和分类情况类似, 但最后的输出层没有确定激活函数, 这意味着激活函数为线性的, 即 $\sigma(x) = x$, 相当于 PyTorch 的 nn.Linear 层. 这在回归中没有对原始数据做变换的情况下是需要的. 此外, 损失函数也应该改为适应回归连续因变量的均方误差 (mean_squared_error).

模型的汇总输出为:

```
Model: "functional_19"

_____

Layer (type)                  Output Shape              Param #
===============================================================

input_15 (InputLayer)         [(None, 8)]                     0
```

```
dense_59 (Dense)                (None, 100)              900

dense_60 (Dense)                (None, 50)               5050

dense_61 (Dense)                (None, 25)               1275

dense_62 (Dense)                (None, 1)                26
================================================================
Total params: 7,251
Trainable params: 7,251
Non-trainable params: 0
```

然后拟合模型:

```
history = model.fit(X_train, y_train, batch_size=2, epochs=100,
    verbose=2, validation_split=0.2)
```

过程输出的最后两行为:

```
Epoch 99/100
330/330 - 0s - loss: 28.4484 - mean_squared_error: 28.4484 -
    val_loss: 35.7708 - val_mean_squared_error: 35.7708
Epoch 100/100
330/330 - 0s - loss: 28.8995 - mean_squared_error: 28.8995 -
    val_loss: 59.6548 - val_mean_squared_error: 59.6548
```

下面查看训练集和测试集的均方误差平方:

```
from sklearn.metrics import mean_squared_error
from math import sqrt

pred_train = model.predict(X_train)
print(np.sqrt(mean_squared_error(y_train,pred_train)))

pred = model.predict(X_test)
print(np.sqrt(mean_squared_error(y_test,pred)))
```

输出为:

```
6.514824771427535
6.250724994794532
```

由于量纲不同, 很难用均方误差 (或其平方根) 来判断回归的优劣, 这时, 用标准化均方

误差就很有道理了. 标准化均方误差 NMSE 定义如下:

$$\text{NMSE} = \frac{\sum_i (y_i - \hat{y}_i)^2}{\sum_i (y_i - \bar{y})^2}, \tag{9.2.1}$$

这里的 y_i 是**测试集**的因变量观测值, $\hat{y}_i$ 是**利用训练集得到的模型拟合测试集得到的因变量拟合值**, $\bar{y}$ 是**测试集**的因变量观测值的均值. 其分母是不用任何模型, 而仅仅用因变量观测值的均值来作为拟合值的均方误差 MSE; 分子为运用模型的拟合结果. 如果标准化均方误差 NMSE 小于 1, 说明用模型比不用模型要强些, NMSE 越小越好; 如果 NMSE 大于 1, 则说明模型很糟糕 (还不如不用模型), 不能用. 由于 NMSE 仅仅是误差平方和除以一个依赖于数据的常数, 因此在对不同模型预测能力排序时, 它与误差平方和、均方误差等度量的效果是一样的.

对于例9.2来说, 测试集的 NMSE 的计算如下:

```
mean_squared_error(y_test,pred)/np.mean((y_test-np.mean(y_test))**2)
```

输出的 NMSE 为:

```
0.1483469358530238
```

9.3 不平衡数据分类例子

例 9.3 (creditcard.csv) **信用卡欺诈检测例子**. 信用卡欺诈为金融业的主要关注点之一. 对于复杂的海量数据, 手动分析欺诈性交易是不可行的. 因此, 在给定充分的人变量时, 人们可以期望使用机器学习来分析. 这个数据有 284807 个观测值, 还有 31 个变量, 其中除了 Time (时间: 与数据集第一笔交易之间的间隔时间)、Amount (交易金额) 及 Class (是否欺诈, 1 为欺诈, 0 为正常), 其他变量为 V1～V28(为了保密不给出这些变量的具体意义).

数据是在 Worldline 和布鲁塞尔自由大学 (University Libre de Bruxelles, ULB) 的机器学习小组 (Machine Learning Group)[4]的研究合作过程中收集和分析的[5].

9.3.1 作为比较的随机森林分类

这里使用随机森林是为了和神经网络模型做比较.

输入必要模块、读入并查看数据:

```
import pandas as pd
import numpy as np
import matplotlib.pyplot as plt
from sklearn.ensemble import RandomForestClassifier
from sklearn.metrics import confusion_matrix
```

---

[4]http://mlg.ulb.ac.be.

[5]参见http://mlg.ulb.ac.be/BruFence和http://mlg.ulb.ac.be/ARTML, Pozzolo A D, Caelen O, Johnson R A, and Bontempi G. (2015) Calibrating probability with undersampling for unbalanced classification. *In Symposium on Computational Intelligence and Data Mining (CIDM), IEEE.*

```
w=pd.read_csv('creditcard.csv')
y=pd.get_dummies(w['Class']).dot(np.arange(2))
X=w.iloc[:,:-1]
print('Number of negative: {}, Number of positive: {}'.\
        format(sum(y==0),sum(y==1)))
print('Ratio of negative: {:2.2%}, Ratio of positive: {:2.2%}'.\
        format(np.mean(y==0),np.mean(y==1)))
```

输出表明两类数据: 有欺诈 ("阳性") 和无欺诈 ("阴性") 的比例悬殊. 显然这是一个很不平衡的分类问题.

```
Number of negative: 284315, Number of positive: 492
Ratio of negative: 99.83%, Ratio of positive: 0.17%
```

确定随机森林参数、输出 OOB 误差[6]、混淆矩阵及变量重要性图 (见图9.3.1) 的全部代码为:

```
random_forest = RandomForestClassifier(n_estimators=500,random_state=0,
    oob_score=True)
random_forest.fit(X, y)
preds = random_forest.predict(X)

print(f'OOB误判率: {(1 - random_forest.oob_score_) * 100}%')
oob_preds = np.argmax(random_forest.oob_decision_function_, axis=1)
A=dict(zip(X.columns, random_forest.feature_importances_))
BarPlot(A,'Importance','Variable',
    'Variable importances of random Forest', size=[12,12,30,12,12])
```

输出为:

```
OOB误判率: 0.04178268090321291%
OOB混淆矩阵:
 [[284297     18]
 [   101    391]]
```

---

[6]OOB (out of bag) 数据是随机森林构造每个决策树的过程中, 自助法抽样没有抽到的观测值的集合, 它们没有参加建模, 因此是天然的测试集.

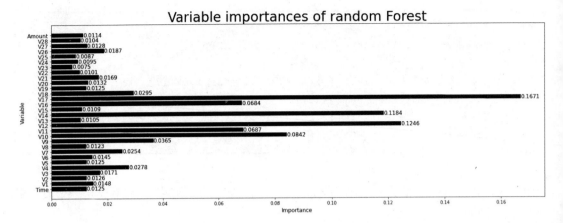

图 9.3.1　例9.3随机森林变量重要性图

其中的打印函数为:

```python
def BarPlot(A,xlab='',ylab='',title='',size=[20,20,30,20,15]):
    import matplotlib.pyplot as plt
    plt.figure(figsize = (20,7))
    plt.barh(range(len(A)), A.values(), color = 'navy')#, height = 0.6)
    plt.xlabel(xlab,size=size[0])
    plt.ylabel(ylab,size=size[1])
    plt.title(title,size=size[2])
    plt.yticks(np.arange(len(A)),A.keys(),size=size[3])
    for v,u in enumerate(A.values()):
        plt.text(u, v, str(round(u,4)), va = 'center',color='navy',
            size=size[4])
    plt.show()
```

9.3.2　准备数据

选取训练集和测试集并标准化

```python
X=np.array(X, dtype="float32")
y=np.array(y, dtype="uint8").reshape(-1,1)

num_val=int(len(X)*.2)
X_val = X[-num_val:]
y_val = y[-num_val:]
X_train = X[:-num_val]
y_train = y[:-num_val]

# 标准化自变量
from sklearn import preprocessing
```

```
X_train=preprocessing.scale(X_train)
X_val=preprocessing.scale(X_val)

print('testing sanple size: {}, training sample size: {}'.\
  format(len(X_val),len(X_train)))
```

得到测试集和训练集样本量:

```
testing sanple size: 56961, training sample size: 227846
```

9.3.3 确定序贯神经网络模型

通常的序贯模型

```
import tensorflow as tf
from tensorflow.keras.layers import Dense, Dropout
from tensorflow.keras.models import Sequential

model = Sequential(
    [
        Dense(300, activation="relu", input_shape=(X_train.shape[1],)),
        Dense(300, activation="relu"),
        Dropout(0.35),
        Dense(300, activation="relu"),
        Dropout(0.35),
        Dense(1, activation="sigmoid"),
    ]
)
model.summary()
```

输出的模型汇总为:

```
Model: "sequential"

Layer (type)              Output Shape           Param #
=================================================================
dense (Dense)             (None, 300)            9300

dense_1 (Dense)           (None, 300)            90300

dropout (Dropout)         (None, 300)            0

dense_2 (Dense)           (None, 300)            90300
```

```
dropout_1 (Dropout)          (None, 300)              0

dense_3 (Dense)              (None, 1)              301
=================================================================
Total params: 190,201
Trainable params: 190,201
Non-trainable params: 0
```

编译并训练模型

　　由于例9.3数据的两类很不平衡, 这里在拟合时使用了权重 class_weight, 每一类的权重和其观测值数目成反比.

```
model.compile(
    optimizer=keras.optimizers.Adam(1e-2), loss="binary_crossentropy",
        metrics=['acc']
)
counts = np.bincount(y_train[:, 0])
class_weight = {0: 1/counts[0], 1: 1/counts[1]}
model.fit(
    X_train,
    y_train,
    batch_size=2200,
    epochs=30,
    verbose=2,
    validation_data=(X_val, y_val),
    class_weight=class_weight,
)
```

最后两行监控输出为:

```
Epoch 29/30
104/104 - 2s - loss: 4.6123e-07 - acc: 0.9863
        - val_loss: 0.0458 - val_acc: 0.9823
Epoch 30/30
104/104 - 2s - loss: 4.0453e-07 - acc: 0.9786
        - val_loss: 0.0698 - val_acc: 0.9778
```

9.3.4 模型评价

```
pred=np.round(model.predict(X_val))
CM=np.zeros((2,2));
for k in range(len(X_val)):
    CM[int(y_val[k]),int(pred[k])]+=1
CM.astype(int)
```

输出的训练集混淆矩阵为:

```
array([[55633,  1253],
       [    9,    66]])
```

回顾前面随机森林 OOB 数据的混淆矩阵为:

```
array([[284297,   18],
       [   101,  391]])
```

表9.3.1显示了随机森林和加权神经网络对每种情况的判断比率:

表 9.3.1　随机森林和加权神经网络每种情况的判断比率 (行的和为 1)

	随机森林		加权神经网络	
	预测阴性	预测阳性	预测阴性	预测阳性
真实阴性	99.99%	0.01%	97.80%	2.20%
真实阳性	20.53%	79.47%	12.00%	88.00%
总误判率	0.0418%		2.216%	

从表9.3.1可以看出, 考虑全局精度的随机森林的总体精确度比这里的 (加权) 神经网络高 53 倍, 但是假阴性比例是神经网络的 1.7 倍. 这说明虽然加权之后的神经网络的总体精度并不高, 却减少了假阴性的比例. 这在假阴性比假阳性危害更大的领域可能更有意义. 当然, 这里的研究还不够细致, 似乎应该把假阴性和假阳性带来的经济损失考虑进来.

第 10 章　TensorFlow 案例

本章通过各种例子来熟悉 TensorFlow 的运作.

10.1　102 种花卉 CNN 分类例子

例 10.1 (`flower_data.tar.gz`) **花卉照片数据**. 该数据在压缩包 `flower_data.tar.gz` 中[1], 展开后为一个名为 `flower_data` 的目录, 下面有三个子目录: `test`, `train`, `valid`, 每个子目录又包含有标以 1～102 的 102 个子目录, 每个子目录有相应于 102 种花卉之一的花卉类型的不同图片文件 (jpg 文件). 该数据被 Nilsback M-E and Zisserman (2008) 研究过. [2]

10.1.1 读取及整理数据

首先输入必要的模块:

```
import tensorflow as tf
import matplotlib.pyplot as plt
import numpy as np
import os
import PIL

from tensorflow import keras
from tensorflow.keras import layers
from tensorflow.keras.models import Sequential
```

读取数据

```
# 输入你数据的路径
flower_test='/flower_data/test/'
flower_train='/flower_data/train/'
flower_valid='/flower_data/valid/'

# 确定一些超参数
batch_size = 32
img_height = 224
```

---

[1]https://s3.amazonaws.com/content.udacity-data.com/nd089/flower_data.tar.gz; http://www.robots.ox.ac.uk/~vgg/data/flowers/102/.

[2]Nilsback M-E, Zisserman A. (2008) Automated flower classification over a large number of classes. *Proceedings of the Indian Conference on Computer Vision, Graphics and Image Processing.* http://www.robots.ox.ac.uk/~vgg/publications/ 2008/Nilsback08/nilsback08.pdf.

```
img_width = 224

# 形成3个数据集
train_ds = tf.keras.preprocessing.image_dataset_from_directory(
    flower_train,
    image_size=(img_height, img_width),
    batch_size=batch_size)

test_ds = tf.keras.preprocessing.image_dataset_from_directory(
    flower_test,
    image_size=(img_height, img_width),
    batch_size=batch_size)

valid_ds = tf.keras.preprocessing.image_dataset_from_directory(
    flower_valid,
    image_size=(img_height, img_width),
    batch_size=batch_size)
```

查看图片

查看测试集中的部分图片 (见图10.1.1):

```
plt.figure(figsize=(21, 7))
for images, labels in train_ds.take(1):
    for i in range(27):
        ax = plt.subplot(3, 9, i + 1)
        plt.imshow(images[i].numpy().astype("uint8"))
        plt.title(labels[i].numpy())
        plt.axis("off")
```

图 10.1.1　例10.1的部分图片

我们可以查看批次的张量情况:

```
image_batch,label_batch=next(iter(train_ds))
image_batch.shape,label_batch.shape
```

输出为:

```
(TensorShape([32, 224, 224, 3]), TensorShape([32]))
```

这是一批次 32 张形状为 $224 \times 224 \times 3$ 的图像, 最后一个尺寸 (3) 是指红绿蓝 3 色彩通道 (RGB). label_batch 是形状 (32,) 的张量, 它们是 32 个图像的对应 (1 到 102 的整数) 标签. 注意, 本来这些图像的大小不是 $224 \times 224 \times 3$, 这里把它们转换成这个尺寸.

10.1.2 确定模型

定义模型如下:

```
data_augmentation = keras.Sequential(
  [
    layers.experimental.preprocessing.RandomFlip("horizontal",
            input_shape=(img_height, img_width,3)),
    layers.experimental.preprocessing.RandomRotation(0.1),
    layers.experimental.preprocessing.RandomZoom(0.1),
  ]
)


model3 = Sequential([
  data_augmentation,
  layers.experimental.preprocessing.Rescaling(1./255),
  layers.Conv2D(32, 3, padding='same', activation='relu'),
  layers.MaxPooling2D(),
  layers.Conv2D(64, 3, padding='same', activation='relu'),
  layers.MaxPooling2D(),
  layers.Conv2D(128, 3, padding='same', activation='relu'),
  layers.MaxPooling2D(),
  layers.Dropout(0.3),
  layers.Flatten(),
  layers.Dense(256, activation='relu'),
  layers.Dense(num_classes)
])

# 编译模型
model3.compile(optimizer='adam',
    loss=tf.keras.losses.SparseCategoricalCrossentropy(from_logits=True),
    metrics=['accuracy'])
```

```
# 输出模型汇总
model3.summary()
```

得到的汇总为:

```
Model: "sequential_4"

Layer (type)                  Output Shape              Param #
=================================================================
sequential_1 (Sequential)     (None, 224, 224, 3)       0

rescaling_3 (Rescaling)       (None, 224, 224, 3)       0

conv2d_9 (Conv2D)             (None, 224, 224, 32)      896

max_pooling2d_9 (MaxPooling2  (None, 112, 112, 32)      0

conv2d_10 (Conv2D)            (None, 112, 112, 64)      18496

max_pooling2d_10 (MaxPooling  (None, 56, 56, 64)        0

conv2d_11 (Conv2D)            (None, 56, 56, 128)       73856

max_pooling2d_11 (MaxPooling  (None, 28, 28, 128)       0

dropout_2 (Dropout)           (None, 28, 28, 128)       0

flatten_3 (Flatten)           (None, 100352)            0

dense_6 (Dense)               (None, 256)               25690368

dense_7 (Dense)               (None, 102)               26214
=================================================================
Total params: 25,809,830
Trainable params: 25,809,830
Non-trainable params: 0
```

关于上面的模型有几点说明:

1. 通过 data_augmentation 扩充数据. 当训练集数量相对不大时, 通常会发生过拟合现象. 这里数据扩充采用的方法为: 从现有示例中生成额外的训练数据, 先进行扩充, 然后使用随机转换生成看起来类似可信的图像. 下面的代码就从一张图扩充到了 10 张类似但又不同的图 (见图10.1.2).

```
plt.figure(figsize=(21, 7))
for images, _ in test_ds.take(1):
    for i in range(10):
        augmented_images = data_augmentation(images)
        ax = plt.subplot(2, 5, i + 1)
        plt.imshow(augmented_images[0].numpy().astype("uint8"))
        plt.axis("off")
```

图 10.1.2　扩充数据例子

2. 为了避免过拟合, 使用 layers.Dropout(0.3) 来随机舍弃一些训练集数据. 在实施训练时 (通过将激活设置为 0) 从该图层中随机退出一定数目的输出单元. 程序中的 0.3 意味着从所施加的层中随机退出输出单元的 30%.

3. 通过 layers.experimental.preprocessing.Rescaling(1./255), 把图形数据变换到 [0,1] 区间之中.

4. 模型有 3 个 2 维卷积层 (代码为 layers.Conv2D) 及与卷积层相配套的 2 维池化层 (代码为 layers.MaxPooling2D()).

5. 模型还包括一个把 2 维数据拉平的层 layers.Flatten().

6. 最后是两个完全连接层 (layers.Dense) (最后一个是输出层).

10.1.3　训练模型及查看拟合情况

在训练时, 使用了训练集 train_ds 和核对集 valid_ds.

```
epochs = 12
history = model3.fit(
  train_ds,
  validation_data=valid_ds,
  epochs=epochs
)
```

最后几行输出为:

```
Epoch 11/12
205/205 [==============================] - 267s 1s/step - loss: 0.9021
- accuracy: 0.7355 - val_loss: 1.7661 - val_accuracy: 0.5831
Epoch 12/12
205/205 [==============================] - 268s 1s/step - loss: 0.8285
- accuracy: 0.7541 - val_loss: 2.0171 - val_accuracy: 0.5489
```

为查看训练集及核对集的拟合及损失情况, 使用下面的画图代码 (见图10.1.3):

```python
plt.figure(figsize=(21, 7))
plt.subplot(1, 2, 1)
plt.plot(range(12), acc, label='Training Accuracy')
plt.plot(range(12), val_acc, label='Validation Accuracy')
plt.legend(loc='lower right')
plt.title('Training and Validation Accuracy')

plt.subplot(1, 2, 2)
plt.plot(range(12), loss, label='Training Loss')
plt.plot(range(12), val_loss, label='Validation Loss')
plt.legend(loc='upper right')
plt.title('Training and Validation Loss')
plt.show()
```

从图10.1.3可以看出, 训练集的精确度随着训练纪元的增加在不断上升, 而核对集的精确度到一定时候就不再增长了.

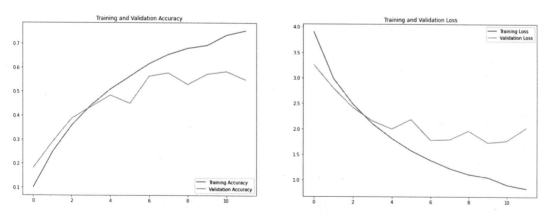

图 10.1.3　例10.1的拟合情况图

10.1.4　对测试集的预测精度

使用训练出来的模型对测试集的 819 张图片 (分 26 个批次) 进行预测.

```
ac=0;n=0
for images, labels in test_ds.take(26):
    for i in range(len(images)):
        if np.argmax(model3.predict(images)[i])==labels[i]: ac+=1
        n+=1

print('Correct predicted {} images; Sample size={};\
    Accuracy={:.2f}'.format(ac,n,ac/n))
```

输出为:

```
Correct predicted 428 images; Sample size=819; Accuracy=0.52
```

这说明准确判断的比例约为 52%, 比随机判断的准确率 (0.98%) 好很多.

10.2 通过 RNN 生成文本例子

本节将介绍通过基于字符的 RNN 生成文本. 这里将使用字符序列训练模型以预测序列中的下一个字符, 为生成更长的文本序列, 可通过重复调用模型来实现.

这个数据量太少, 建模后训练的纪元次数不够, 得到的结果也不十分理想, 但可以说明这一类建模的方式.

例 10.2 (Shaw.txt) **Pygmalion 部分数据**. 这是 George Bernard Shaw (萧伯纳) 的戏剧 *Pygmalion* [3] 前两幕的部分台词文本数据.

首先输入必要的模块:

```
import tensorflow as tf
import numpy as np
import os
import time
import re
```

10.2.1 读入并建立字符索引

读入字符串型数据

从数据文件 Shaw.txt 读入字符串数据, 并删除一些字符和阿拉伯数字:

```
with open("Shaw.txt", "rt") as O2: Shaw = O2.read()

s = re.sub(r'[^\w\s,.?!\-\"\']','',Shaw)
s=re.sub(r'[0-9]','',s)
Shaw=s
```

---

[3] 戏剧 *Pygmalion*(译作《皮格马利翁》) 在 1964 年被拍成电影版音乐剧 *My Fair Lady* (译作《窈窕淑女》或《卖花女》).

建立字符及相应数字索引的双向字典

如同在 5.1.4节一样, 建立字符及相应数字索引的字典, 并且把全部数据的字符串数字
化 (Text_as_int):

```
Vocab = sorted(set(Shaw))
Int2char = dict(enumerate(Vocab))
Char2idx = {c: i for i, c in Int2char.items()}
Idx2char = np.array(Vocab) #即np.array([Int2char[x] for x in Int2char])
Text_as_int = np.array([Char2idx[c] for c in Shaw])
```

容易发现 (Shaw 或 len(Text_as_int)), 数据一共有 90017 个字符, 而不重复的字符一
共有 (等于 len(Vocab) 或 len(Int2char)) 60 个. 打印出前 280 个字符及相应的索引:

```
print(Shaw[:190],Text_as_int[:190])
```

输出为:

```
THE DAUGHTER in the space between the central pillars, close to the one
on her left I'm getting chilled to the bone. What can Freddy be doing
all this time? He's been gone twenty minutes.

[ 0 28 16 13  1 12  9 29 15 16 28 13 26  1 42 47  1 53 41 38  1 52 49 34
 36 38  1 35 38 53 56 38 38 47  1 53 41 38  1 36 38 47 53 51 34 45  1 49
 42 45 45 34 51 52  5  1 36 45 48 52 38  1 53 48  1 53 41 38  1 48 47 38
  1 48 47  1 41 38 51  1 45 38 39 53  1 17  4 46  1 40 38 53 53 42 47 40
  1 36 41 42 45 45 38 37  1 53 48  1 53 41 38  1 35 48 47 38  7  1 31 41
 34 53  1 36 34 47  1 14 51 38 37 37 58  1 35 38  1 37 48 42 47 40  1 34
 45 45  1 53 41 42 52  1 53 42 46 38  8  1 16 38  4 52  1 35 38 38 47  1
 40 48 47 38  1 53 56 38 47 53 58  1 46 42 47 54 53 38 52  7  0  0]
```

建立 TensorFlow 格式数据

设立输入序列的最大长度 (seq_len) 为 101, 把整数索引型数据转换成 TensorFlow 数
据格式 (tf_Shaw_idx), 并且把整个数据集转换成为分批次的形式 (SeqBatch).

```
seq_len=100
tf_Shaw_idx = tf.data.Dataset.from_tensor_slices(Text_as_int)
Seq = tf_Shaw_idx.batch(seq_len+1, drop_remainder=True)
```

一步往前预测机制

每次输入序列的 1~100 个字符为输入的数据, 而同序列的 2~101 个字符为需要预测
的目标值. 为此所制定的一步数据划分函数为:

```
def StepOneIT(ds):
    Input = ds[:-1]
    Target = ds[1:]
    return Input, Target


Ds = Seq.map(StepOneIT)
```

下面的语句可以查看第一个序列的输入及输出的数据量及相应字符, 输入输出的数据区别于一头一尾两个字符:

```
for Input, Target in Ds.take(1):
    print('Input:',Input.shape,''.join(Idx2char[Input]),
          '\nTarget:',Target.shape,'\n',''.join(Idx2char[Target]))
```

输出为:

```
Input: (100,)
THE DAUGHTER in the space between the central pillars, close to the one
on her left I'm getting chi
Target: (100,)
 THE DAUGHTER in the space between the central pillars, close to the one
 on her left I'm getting chil
```

利用上面的第 1 个序列的结果, 输入和期望的输出对于前面几个字符的示意如下:

```
for i, (input_idx, target_idx) in enumerate(zip(Input[:7], Target[:7])):
    print("第{:4d} 步, 输入: {}, 期望输出: {}"\
        .format(i,repr(Idx2char[input_idx]),
            repr(Idx2char[target_idx])))
```

输出为:

```
第   0 步, 输入: '\n', 期望输出: 'T'
第   1 步, 输入: 'T', 期望输出: 'H'
第   2 步, 输入: 'H', 期望输出: 'E'
第   3 步, 输入: 'E', 期望输出: ' '
第   4 步, 输入: ' ', 期望输出: 'D'
第   5 步, 输入: 'D', 期望输出: 'A'
第   6 步, 输入: 'A', 期望输出: 'U'
```

确定批次及缓冲区的大小

下面要确定批次的数目 (一个批次中序列数目) 以及缓冲区大小, 这里的缓冲区是指随机置换数据 (如洗牌那样) 的局部序列大小, 这个数目对于我们的相对较小的数据不起作用, 但对很大的数据集就有意义了.

```
BATCH_SIZE = 64
BUFFER_SIZE = 10000
Ds = Ds.shuffle(BUFFER_SIZE).batch(BATCH_SIZE, drop_remainder=True)
Ds
```

输出表明: 每个批次有 64 个长度各为 100 的输入及目标序列.

```
<BatchDataset shapes:((64, 100), (64, 100)), types:(tf.int64, tf.int64)>
```

10.2.2　确定 RNN 模型

```
Model_0 = tf.keras.Sequential([
  tf.keras.layers.Embedding(60, 260,
                            batch_input_shape=[BATCH_SIZE, None]),
  tf.keras.layers.GRU(1500,return_sequences=True,stateful=True,
                      recurrent_initializer='glorot_uniform'),
  tf.keras.layers.Dense(60)
])
Model_0.summary()
```

模型汇总为:

```
Model: "sequential_13"

Layer (type)                  Output Shape              Param #
=================================================================
embedding_13 (Embedding)      (64, None, 260)           15600

gru_13 (GRU)                  (64, None, 1500)          7929000

dense_13 (Dense)              (64, None, 60)            90060
=================================================================
Total params: 8,034,660
Trainable params: 8,034,660
Non-trainable params: 0
```

10.2.3　训练模型

确定损失函数并编译模型

```
def loss(labels, logits):
    return tf.keras.losses.sparse_categorical_crossentropy(labels,
        logits, from_logits=True)
Model_0.compile(optimizer='adam', loss=loss)
```

为存储核对点准备:

```
checkpoint_prefix = os.path.join('Shaw/training_checkpoints',
        "ckpt_{epoch}")


checkpoint_callback=tf.keras.callbacks.ModelCheckpoint(
        filepath=checkpoint_prefix,save_weights_only=True)
```

训练模型输入的代码为:

```
History_0 = Model_0.fit(Ds, epochs=40, callbacks=[checkpoint_callback])
```

最后两个纪元的输出为:

```
Epoch 39/40
13/13 [==============================] - 30s 2s/step - loss: 0.7141
Epoch 40/40
13/13 [==============================] - 30s 2s/step - loss: 0.6584
```

产生文字

首先恢复最新的核对点:

```
tf.train.latest_checkpoint(checkpoint_dir)
```

得到的是存在预先准备的目录 (Shaw/training_checkpoints/) 下的信息 (ckpt_40),
这将用于后面的重新建模:

```
'Shaw/training_checkpoints/ckpt_40'
```

根据 RNN 模型的传递方式, 模型一旦构建便仅接受固定的批次大小. 要使用不同的批次大
小时, 需重建模型并从检查点恢复权重. 这里只用一个序列组成的批次 (batch_size=1).
输入的代码为:

```
Model_0 = build_model(60, 260, 1500, batch_size=1)
Model_0.load_weights(tf.train.latest_checkpoint(checkpoint_dir))
Model_0.build(tf.TensorShape([1, None]))
Model_0.summary()
```

输出为:

```
Model: "sequential_15"


Layer (type)                 Output Shape              Param #
=================================================================
embedding_15 (Embedding)     (1, None, 260)            15600
```

```
gru_15 (GRU)              (1, None, 1500)        7929000

dense_15 (Dense)          (1, None, 60)          90060
================================================================
Total params: 8,034,660
Trainable params: 8,034,660
Non-trainable params: 0
```

产生文字的循环函数为:

```python
def Generate_text(model, start_string):
    num_generate = 1000
    input_eval = [Char2idx[s] for s in start_string]
    input_eval = tf.expand_dims(input_eval, 0)
    text_generated = [] #存储结果

    model.reset_states()
    for i in range(num_generate):
        predictions = model(input_eval)
        predictions = tf.squeeze(predictions, 0) #减少空白维数

        predicted_id = tf.random.categorical(predictions,
            num_samples=1)[-1,0].numpy()

        input_eval = tf.expand_dims([predicted_id], 0)
        text_generated.append(Idx2char[predicted_id])

    return (start_string + ''.join(text_generated))
```

在上面的代码中:

1. 输入的为模型及初始字符串: `model, start_string`.
2. `num_generate = 1000` 意味着产生 1000 个字符.
3. 把初始字符串转换为整数索引向量:

```python
input_eval = [Char2idx[s] for s in start_string]
input_eval = tf.expand_dims(input_eval, 0)
```

4. `predicted_id` 为使用分类分布得到的预测.
5. 将预测的结果作为模型的下一个输入并加上前一个隐藏状态传递给模型:

```python
input_eval = tf.expand_dims([predicted_id], 0)
text_generated.append(Idx2char[predicted_id])
```

6. 最后的 `return` 输出包括初始字符串在内的所有预测的文字.

实施生成文字

输入的代码为:

```
print(Generate_text(Model_0, start_string="HIGGINS,"))
```

输出为:

```
HIGGINS, dryon. Lidling was he would we is to drabth in throw one
apposest nothing.

HIGGINS thoog I never with a bust. She haven amout her.

PICKERING. I can't gettur und the things that ham and I don't know that
young money?

HIGGINS. Mls. I not to use of this, bring as her right, Mr. Higgins, she
spenth her scopper.

THE ITTE TAKER coringing her You'd better going to take this business as
a rather shourde.

DOOLITTLE with fravery Alahaved at all I know as to you?

PICKERING did.

PICKERING indularly be a realedra troubled not to have as of the sorh of
it.

MRS. HIGGINS. The flower wirl whe her know at the world, and you're near,
you cellaurht I don't want your vowe.

THE NOTE TAKER wisple despertant will she ded it not injeed? I've terr
your mother's ince the want. She rashos off.

THE FLOWER GIRL poinn good. I'm letter dee sive me, not to be no wors,
not her with you, I didn't. Blying your daughter that This winn really
you're raight whrouth do hop! I have done note tellingls and a convers
```

10.3 IMDB 数据文本情感分析案例

这一节通过著名的 IMDB 电影评论数据集来介绍如何训练神经网络按照文本内容来对评论是正面还是负面的做出判断.

例 10.3 (`imdb2.zip`, `imdb_data.csv`) **IMDB 数据集**. 该数据集[4]所基于的原始数据来自网络电影数据库 (Internet Movie Database, IMDb[5]) 的 50000 个电影评论的文本. 这些内容分为 25000 条用于培训的评论和 25000 条用于测试的评论. 培训和测试集是平衡的, 即它们包含相同数量的正面和负面评论. 该数据最早研究者为 Andrew et al. (2011)[6].

输入一些必要的模块:

```
import tensorflow as tf
from tensorflow import keras
from tensorflow.keras import layers
from tensorflow.keras.layers.experimental.preprocessing import\
 TextVectorization
import string
import re
import numpy as np
```

10.3.1 读入并整理数据

在对数据 `imdb2.zip` 解压之后, 有两个子目录: `train` 及 `test`, 而每个子目录都包含两个子目录 `pos` 及 `neg`, 在其中包含有大量的文本文件, 每个都由评论的文字组成. 在 `pos` 文件中的评论属于正面评论, 而在 `neg` 文件中的评论属于负面评论.

这里使用完全类似于例10.1的数据读取函数, 仅有的区别是函数名中的 "`image`" 换成 "`text`".

```
# 输入你数据的路径
lmdb_test='IMDB2/test'
lmdb_train='IMDB2/train'

# 确定一些超参数
batch_size = 32

raw_train_ds = tf.keras.preprocessing.text_dataset_from_directory(
    lmdb_train,
    labels='inferred',
    batch_size=batch_size,
    validation_split=0.2,
    subset="training",
    seed=1010,
)
```

---

[4]有很多下载网址, 如 https://www.kaggle.com/lakshmi25npathi/imdb-dataset-of-50k-movie-reviews或者 http://ai.stanford.edu/~amaas/data/sentiment/. 该数据也可以通过 PyTorch 和 TensorFlow 的代码直接从网上下载.

[5]该数据库网址为 https://www.imdb.com/, 本例数据的内容整理自该网址.

[6]Maas A L., Daly R E., Pham P T., Huang D., Ng A Y., and Potts C. (2011). Learning Word Vectors for Sentiment Analysis. *The 49th Annual Meeting of the Association for Computational Linguistics (ACL 2011)*.

```
raw_val_ds = tf.keras.preprocessing.text_dataset_from_directory(
    lmdb_train,
    labels='inferred',
    batch_size=batch_size,
    validation_split=0.2,
    subset="validation",
    seed=1010,
)
raw_test_ds = tf.keras.preprocessing.text_dataset_from_directory(
    lmdb_test,
    labels='inferred',
    batch_size=batch_size
)
```

上面的函数代码中:

1. 变元的第一个是路径, 比如 `lmdb_train` 及 `lmdb_test`.
2. `labels='inferred'` 自动把子目录的不同名称 (这里是 pos 和 neg) 作为各个评论文字的标签 (label), 也就是因变量, 没有包括在代码中的选项 `label_mode` 的默认值是整数, 因此这里得到的是代表 pos 的 1 和代表 neg 的 0 的整数标签.
3. 选项 `subset="training"` 意味着读取训练集时, 按照 `validation_split=0.2` 有 20%数据随机 (随机种子 `seed`) 不包含在训练集中.
4. 选项 `subset="validation"` 意味着在核对数据集 (validation set) 读取时, 和训练集一样按照 `validation_split=0.2` 有 20%数据随机 (随机种子 `seed`) 作为训练模型时的核对数据集. 这里所谓的核对集实际上是在训练时所用的测试集. 常用训练集作为核对集, 而不另设核对集.

可以用类似下面的代码查看数据内容 (只看训练集的一条文字和标签):

```
for text_batch, label_batch in raw_train_ds.take(1):
    print('Text:\n',text_batch.numpy()[0])
    print('label:\n',label_batch.numpy()[0]) #0=neg 1=pos
    break
```

输出的评论文字及标签内容为:

```
Text:
 b'Good work by everyone, from scriptwriters, director, and cast; a
 lovely fun film that becomes believable for sentimental reasons
 only; a good film for television on those cloudy, cold wintry
 days when you just want to sit back and enjoy.'
label:
 1
```

也有其他很多输入数据办法, 比如在联网时使用下面的代码得到的就是 **NumPy** 形式的

已经转换为数字索引的数据:

```
(x_train, y_train), (x_train, y_train) = keras.datasets.imdb.load_data(
    num_words=max_features)
```

我们完全可以使用上面的数字化数据, 但下面使用的是文字数据, 这就必须转换成数字索引. 下面函数把文本中的标点符号和诸如 "<br />" 标点符号等标签去掉, 并变成小写字母:

```
def custom_standardization(input_data):
    lowercase = tf.strings.lower(input_data)
    stripped_html = tf.strings.regex_replace(lowercase, "<br />", " ")
    return tf.strings.regex_replace(
        stripped_html, "[%s]" % re.escape(string.punctuation), ""
    )
```

在文本标准化后, 我们可以使用 TextVectorization 建立一层, 将字符串标准化, 拆分和映射为整数, 设置 output_mode='int'. 另外, max_tokens 代表词汇表的数量上限, 如果等于 None 则无上限, 这里设为 20000. standardize 使用了上面定义的标准化函数. output_sequence_length 为输出序列长度, 如果多了则截断, 少了填补, 最终结果的维度为 [batch_size, output_sequence_length](这只对于整数 mode 有用), 如此设置是因为 CNN 不支持参差不齐的序列.

```
max_features = 20000
sequence_length = 500


vectorize_layer = TextVectorization(
    standardize=custom_standardization,
    max_tokens=max_features,
    output_mode="int",
    output_sequence_length=sequence_length,
)
```

最后把原始数据转换成需要的数字形式:

```
def vectorize_text(text, label):
    text = tf.expand_dims(text, -1)
    return vectorize_layer(text), label



# Vectorize the data.
train_ds = raw_train_ds.map(vectorize_text)
val_ds = raw_val_ds.map(vectorize_text)
test_ds = raw_test_ds.map(vectorize_text)
```

10.3.2 设立双向 LSTM 模型

下面建立双向 LSTM 模型并编译, 其中嵌入用了 128 个元素的向量.

```python
embed_size = 128

inputs = keras.Input(shape=(None,), dtype="int64")
x = layers.Embedding(max_features, embed_size)(inputs)
x = layers.Bidirectional(layers.LSTM(64, return_sequences=True))(x)
x = layers.GlobalMaxPool1D()(x)
x = layers.Dense(20, activation="relu")(x)
x = layers.Dropout(0.05)(x)
outputs = layers.Dense(1, activation="sigmoid")(x) #分类器
model = keras.Model(inputs, outputs)
model.summary()
model.compile(loss="binary_crossentropy", optimizer="adam",
        metrics=["accuracy"])
```

得到的模型汇总为:

```
Model: "functional_7"
_____
Layer (type)                 Output Shape              Param #
=================================================================
input_6 (InputLayer)         [(None, None)]            0

embedding_4 (Embedding)      (None, None, 128)         2560000

bidirectional_4 (Bidirection (None, None, 128)         98816

global_max_pooling1d_2 (Glob (None, 128)               0

dense_2 (Dense)              (None, 20)                2580

dropout_2 (Dropout)          (None, 20)                0

dense_3 (Dense)              (None, 1)                 21
=================================================================
Total params: 2,661,417
Trainable params: 2,661,417
Non-trainable params: 0
_____
```

10.3.3 训练模型并做交叉验证

只做 3 个纪元的训练:

```
epochs = 3
model.fit(train_ds, validation_data=val_ds, epochs=epochs, verbose=2)
```

输出为:

```
Epoch 1/3
625/625  - 194s 311ms/step - loss: 0.4253 - accuracy: 0.7918
         - val_loss: 0.2609 - val_accuracy: 0.8934
Epoch 2/3
625/625  - 188s 301ms/step - loss: 0.1893 - accuracy: 0.9283
         - val_loss: 0.2899 - val_accuracy: 0.8920
Epoch 3/3
625/625  - 188s 302ms/step - loss: 0.0975 - accuracy: 0.9699
         - val_loss: 0.3616 - val_accuracy: 0.8840
<tensorflow.python.keras.callbacks.History at 0x7fae38b11dc0>
```

对测试集做交叉验证:

```
model.evaluate(test_ds,verbose=2)
```

输出为:

```
782/782 - 54s 69ms/step - loss: 0.4142 - accuracy: 0.8643
[0.41422542929649353, 0.8643199801445007]
```

这个 86.4% 的准确率和训练时的 88.4% 差不太多.

10.4　IMDB 数据变换器示范代码

第7章引进了变换器 (transformer), 下面把它用于前一节的 IMDB 数据分类上. 输入必要的模块:

```
import tensorflow as tf
from tensorflow import keras
from tensorflow.keras import layers
```

10.4.1 数据准备

前面一节的 IMDB 数据是从本地硬盘载入的, 其实在10.3.1节提到了 TensorFlow 中有这个数据的已经转换为数字索引的 NumPy 形式, 在联网时可以直接下载, 下面是下载和准备数据的代码:

```
vocab_size = 20000
maxlen = 200
(x_train, y_train), (x_val, y_val) = keras.datasets.imdb.load_data(num_words=vocab_size)
x_train = keras.preprocessing.sequence.pad_sequences(x_train, maxlen=maxlen)
```

```
x_val = keras.preprocessing.sequence.pad_sequences(x_val, maxlen=maxlen)
```

上面的代码中:

1. `vocab_size = 20000` 限制字典只有最前面的 2000 个词.
2. `maxlen = 200` 仅仅考虑每个电影评论中的前 200 个词.
3. `keras.datasets.imdb.load_data` 是 IMDB 数据的专门下载函数, 变元使用了上面的 `vocab_size`. 这里下载的数据集中, 训练集 (`x_train`, `y_train`) 及测试集 (`x_val`, `y_val`) 的长度均为 25000 个, 而且是 NumPy 数组.
4. `keras.preprocessing.sequence.pad_sequences` 把数据填补或切割到同样长度 (这里是上面确定的 `maxlen`) 的序列. 因此得到的 `x_train` 及 `x_val` 的维度均为 (25000, 200).

10.4.2 多头专注层的设定

多头专注层设定为 `tensorflow.keras.layers.Layer` 的子类, 因此继承了其各种性质.

```python
class MultiHeadSelfAttention(layers.Layer):
    def __init__(self, embed_dim, num_heads=8):
        super(MultiHeadSelfAttention, self).__init__()
        self.embed_dim = embed_dim
        self.num_heads = num_heads
        if embed_dim % num_heads != 0:
            raise ValueError(
                f"embed_dim:{embed_dim} should // by num_heads:{num_heads}"
            )
        self.projection_dim = embed_dim // num_heads
        self.query_dense = layers.Dense(embed_dim)
        self.key_dense = layers.Dense(embed_dim)
        self.value_dense = layers.Dense(embed_dim)
        self.combine_heads = layers.Dense(embed_dim)

    def attention(self, query, key, value):
        score = tf.matmul(query, key, transpose_b=True)
        dim_key = tf.cast(tf.shape(key)[-1], tf.float32)
        scaled_score = score / tf.math.sqrt(dim_key)
        weights = tf.nn.softmax(scaled_score, axis=-1)
        output = tf.matmul(weights, value)
        return output, weights

    def separate_heads(self, x, batch_size):
        x = tf.reshape(x, (batch_size, -1, self.num_heads, self.projection_dim))
        return tf.transpose(x, perm=[0, 2, 1, 3])

    def call(self, inputs):
        # x.shape = [batch_size, seq_len, embedding_dim]
        batch_size = tf.shape(inputs)[0]
        query = self.query_dense(inputs)  # (batch_size, seq_len, embed_dim)
        key = self.key_dense(inputs)   # (batch_size, seq_len, embed_dim)
```

```
        value = self.value_dense(inputs)  # (batch_size, seq_len, embed_dim)
        query = self.separate_heads(
            query, batch_size
        )  # (batch_size, num_heads, seq_len, projection_dim)
        key = self.separate_heads(
            key, batch_size
        )  # (batch_size, num_heads, seq_len, projection_dim)
        value = self.separate_heads(
            value, batch_size
        )  # (batch_size, num_heads, seq_len, projection_dim)
        attention, weights = self.attention(query, key, value)
        attention = tf.transpose(
            attention, perm=[0, 2, 1, 3]
        )  # (batch_size, seq_len, num_heads, projection_dim)
        concat_attention = tf.reshape(
            attention, (batch_size, -1, self.embed_dim)
        )  # (batch_size, seq_len, embed_dim)
        output = self.combine_heads(
            concat_attention
        )  # (batch_size, seq_len, embed_dim)
        return output
```

该子类的说明如下:

1. 该层输入的变元 embed_dim 为每个 token (token 是组成句子的基本元素, 包括词及标点符号等) 做嵌入后的维度大小, 变元 num_heads 确定头数 (这里是 8).

2. projection_dim 是在各个头中分配数据的 embed_dim 与 num_heads 的 "//" 整除 (只舍不入) 结果.

3. 从 tensorflow.keras.layers.Layer 定义了涉及查询向量、键向量和值向量的 3 个层及组合层 (都是相同维度的完全层):

   (1) 查询层: query_dense = layers.Dense(embed_dim).

   (2) 键层: key_dense = layers.Dense(embed_dim).

   (3) 值层: value_dense = layers.Dense(embed_dim).

   (4) 组合层: combine_dense = layers.Dense(embed_dim).

4. 函数 attention 输入的是查询数组 (query)、键数组 (key) 和值数组 (value), 而具体计算完全按照式 (7.1.2) 和式 (7.1.1), 输出的是式 (7.1.2) 和式 (7.1.1) 的值. 其中所用的函数 matmul 为矩阵相乘, 函数 tf.cast 改变数据类型, 而 softmax 为 Softmax 函数.

5. 函数 separate_heads 按照专注头数目及批次大小分配数据, 用于后面函数 call 中分配查询数组、键数组和值数组.

6. 函数 call 是这个子类的引用函数, 除了子类本身的变元外, call 的输入变元为数据 inputs (最终训练时落实到 x_train, y_train), 而该函数的主要目的是把各个数组的维度调整好. 其中:

   (1) 输入数据的维度为 [batch_size, seq_len, embedding_dim].

   (2) 查询数组、键数组及值数组的维度一开始和输入数据相同, 在 call 中转换成维度

(batch_size, num_heads, seq_len, projection_dim).

(3) 分头专注维度为:

(batch_size, seq_len, num_heads, projection_dim).

(4) 最终输出的专注为叠加各个头维度之后得到的, 为:

(batch_size, seq_len, embed_dim).

在 call 中用了一个函数 tf.transpose, 其功能为置换数组 (特别在维数大于 2 的数组中) 各个维的次序, 有兴趣的读者可尝试以下代码, 根据输出看该函数如何运作:

```
x = tf.constant([[[ 1,   2,   3],
                  [ 8,  10,  12]],
                 [[ 17,  18,  19],
                  [110, 111, 112]]])

print(x,tf.transpose(x,perm=(0,1,2)),tf.transpose(x,perm=(0,2,1)),
    tf.transpose(x,perm=(1,0,2)))
```

10.4.3 变换器层

```
class TransformerBlock(layers.Layer):
    def __init__(self, embed_dim, num_heads, ff_dim, rate=0.1):
        super(TransformerBlock, self).__init__()
        self.att = MultiHeadSelfAttention(embed_dim, num_heads)
        self.ffn = keras.Sequential(
            [layers.Dense(ff_dim, activation="relu"),
             layers.Dense(embed_dim),]
        )
        self.layernorm1 = layers.LayerNormalization(epsilon=1e-6)
        self.layernorm2 = layers.LayerNormalization(epsilon=1e-6)
        self.dropout1 = layers.Dropout(rate)
        self.dropout2 = layers.Dropout(rate)

    def call(self, inputs, training):
        attn_output = self.att(inputs)
        attn_output = self.dropout1(attn_output, training=training)
        out1 = self.layernorm1(inputs + attn_output)
        ffn_output = self.ffn(out1)
        ffn_output = self.dropout2(ffn_output, training=training)
        return self.layernorm2(out1 + ffn_output)
```

这里的变换器层是前面各个部分的组装, 其要点为:

1. 在 att 名下装置前面定义的多头专注 (MultiHeadSelfAttention), 接受输入数据 (inputs) 以及固有的变元 embed_dim 和 num_heads.
2. 在 dropout1 和 dropout2 名下在两个位置安装舍弃层 (基于 layers.Dropout).

3. 在 `layernorm1` 和 `layernorm2` 名下在两个位置安装标准化层, 这是基于 Tensor-Flow 模块 `layers.LayerNormalization`, 它对于批次中前面一层激活的每个样本独立地做标准化 (不跨批次), 使得每个样本的均值接近 0, 标准差接近 1. 为了解标准化, 请看下面的代码:

```python
data = tf.constant(np.array([[1,12,7],[2,6,5],[7,12,8],[-3,-8,19]]),
    dtype=tf.float32)
print(data)
layer = tf.keras.layers.LayerNormalization(epsilon=1e-6)
output = layer(data)
print(output)
```

输出为原来的输入及标准化的结果 (每一行的均值接近 0, 标准差接近 1).

```
tf.Tensor(
[[ 1. 12.   7.]
 [ 2.  6.   5.]
 [ 7. 12.   8.]
 [-3. -8.  19.]], shape=(4, 3), dtype=float32)
tf.Tensor(
[[-1.2601236   1.1859987    0.07412493]
 [-1.3728127   0.98058033   0.39223218]
 [-0.9258201   1.38873     -0.46291018]
 [-0.48315737 -0.9094727    1.3926301 ]], shape=(4, 3), dtype=float32)
```

4. 在 `ffn` 的名下, 构造了为最后的输出的两个完全层序列, 前一层的激活函数为 `relu`, 最后一层则没有激活函数. 它的输入为上一层输入, 当然第一层的固有变元为变换器的变元 `ff_dim`, 这是前向传播变换器中隐藏层的大小 (最终确定为 32).

10.4.4 位置及嵌入的有关层

```python
class TokenAndPositionEmbedding(layers.Layer):
    def __init__(self, maxlen, vocab_size, embed_dim):
        super(TokenAndPositionEmbedding, self).__init__()
        self.token_emb = layers.Embedding(input_dim=vocab_size, output_dim=embed_dim)
        self.pos_emb = layers.Embedding(input_dim=maxlen, output_dim=embed_dim)

    def call(self, x):
        maxlen = tf.shape(x)[-1]
        positions = tf.range(start=0, limit=maxlen, delta=1)
        positions = self.pos_emb(positions)
        x = self.token_emb(x)
        return x + positions
```

该层为 `layers.Layer` 的子类, 其变元为前面提到的每个评论的长度 `maxlen` (本例取 200), 字典词汇量 `vocab_size` (本例取 20000) 及嵌入长度 `embed_dim` (本例取 32), 目的是为词做嵌入及定位等工作, 其输入为数据, 最终输出为嵌入和位置信息的和. 其中:

1. `tf.range` 类似于 `np.arange`, 比如 `tf.range(start=0,limit=10,delta=2)` 和 `np.arange(0,10,2)` 得到的数值相同.

2. 以 `pos_emb` 为名引入 `layers.Embedding` 层, 变元为输入的位置 (以及继承的变元 `maxlen` 及 `embed_dim`), 输出的长度为 `embed_dim` (本例取 32).

3. 以 `token_emb` 为名引入 `layers.Embedding` 层, 变元为输入的数据 `inputs` (以及继承的变元 `vocab_size` 及 `embed_dim`), 输出的长度为 `embed_dim` (本例取 32).

10.4.5 定义模型

下面确定超参数并利用前面定义的组件确定神经网络模型的最终形式:

```
embed_dim = 32   # 每个词(token)的 embedding 大小
num_heads = 2  # 专注头数
ff_dim = 32   # 变换器内前向传播的隐藏层大小

inputs = layers.Input(shape=(maxlen,))
embedding_layer = TokenAndPositionEmbedding(maxlen,vocab_size,embed_dim)
x = embedding_layer(inputs)
transformer_block = TransformerBlock(embed_dim, num_heads, ff_dim)
x = transformer_block(x)
x = layers.GlobalAveragePooling1D()(x)
x = layers.Dropout(0.1)(x)
x = layers.Dense(20, activation="relu")(x)
x = layers.Dropout(0.1)(x)
outputs = layers.Dense(2, activation="softmax")(x)

model = keras.Model(inputs=inputs, outputs=outputs)
model.summary()
```

其中 `layers.GlobalAveragePooling1D` 层是把 `(batch, steps, features)` 维度的数组按照中间一维做平均, 得到维度为 `(batch, features)` 的输出. 例如:

```
input_shape = (2, 3, 4)
tf.random.set_seed(1010)
x = tf.random.normal(input_shape)
y = tf.keras.layers.GlobalAveragePooling1D()(x)
print(x,y)
```

输出为:

```
tf.Tensor(
[[[-0.45885473  1.4211509  -0.01396999  1.243587  ]
  [ 0.8250142  -0.95935625 -0.2475908   0.8467895 ]
  [ 1.2178683   0.43193007 -0.5148804   0.53674227]]
```

```
[[ 0.1458035   0.08691692  0.02208633 -1.1517045 ]
 [-0.7853676  -0.65435445 -0.62840694  0.9780117 ]
 [-2.0202277  -0.44460264 -1.3133138  -0.4025871 ]]],
    shape=(2, 3, 4), dtype=float32) tf.Tensor(
[[ 0.52800924  0.29790825 -0.25881374  0.8757062 ]
 [-0.8865972  -0.3373467  -0.63987815 -0.1920933 ]],
    shape=(2, 4), dtype=float32) (2, 4)
```

输出的模型汇总为：

```
Model: "functional_1"

Layer (type)                    Output Shape          Param #
=================================================================
input_1 (InputLayer)            [(None, 200)]          0

token_and_position_embedding    (None, 200, 32)        646400

transformer_block (Transform    (None, 200, 32)        6464

global_average_pooling1d (Gl    (None, 32)             0

dropout_40 (Dropout)            (None, 32)             0

dense_6 (Dense)                 (None, 20)             660

dropout_41 (Dropout)            (None, 20)             0

dense_7 (Dense)                 (None, 2)              42
=================================================================
Total params: 653,566
Trainable params: 653,566
Non-trainable params: 0
```

10.4.6 训练模型及混淆矩阵

训练

```
model.compile("adam", "sparse_categorical_crossentropy",
              metrics=["accuracy"])
history = model.fit(
    x_train, y_train, batch_size=32, epochs=2,
    validation_data=(x_val, y_val)
```

```
)
```

输出为:

```
Epoch 1/2
782/782 [==============================] - 65s 83ms/step - loss: 0.3860
    - accuracy: 0.8195 - val_loss: 0.3928 - val_accuracy: 0.8225
Epoch 2/2
782/782 [==============================] - 58s 74ms/step - loss: 0.2003
    - accuracy: 0.9260 - val_loss: 0.3448 - val_accuracy: 0.8584
```

最终交叉验证的准确性可以达到 85.8%. 但是, 从这个百分比并不能看出来错误的结构, 比如假阳性及假阴性都是误判, 但不知道比例如何. 因此, 要计算混淆矩阵.

混淆矩阵

计算混淆矩阵的代码如下:

```
pred=np.argmax(model.predict(x_val),axis=1)


CM=np.zeros((2,2))
for k in range(len(x_val)):
    CM[y_val[k],pred[k]]+=1

print("Confusion Matrix:\n{},\nval_accuracy={}".
    format(CM,np.diag(CM).sum()/CM.sum()))
```

输出为:

```
Confusion Matrix:
[[11537.   963.]
 [ 2576. 9924.]],
val_accuracy=0.85844
```

看来假阳性和假阴性很不平衡.

10.5　图像分割案例

在数字图像处理和计算机视觉中, 图像分割是将数字图像分为多个段 (segments), 即像素 (pixel) 的某种集合, 也称为图像对象 (image objects). 目的是简化图像的表示并且 (或者) 更改为更有意义且更易于分析的内容, 同时忽略人们不关心的多余信息. 图像分割通常用于确定图像中对象的位置和边界. 更准确地说, 图像分割的任务是训练一个神经网络, 以输出图像的像素级面具 (pixel-wise mask), 即为图像中的每个像素分配标签, 以使具有相同标签的像素共享某些特征的过程. 这有助于以像素级别理解图像. 图像分割在医学成像, 自动驾驶汽车和卫星成像等领域有许多应用.

输入一些模块:

```
import os
import tensorflow as tf
from IPython.display import Image, display
from tensorflow.keras.preprocessing.image import load_img
import PIL
from PIL import ImageOps
import matplotlib.pyplot as plt
import matplotlib.image as mpimg
```

10.5.1 牛津宠物数据集

例 10.4 (images.tar.gz, annotations.tar.gz) **牛津宠物数据**. 该数据 (原名为 The Oxford-IIIT Pet Dataset) 包含了 37 个类别的宠物图像, 每个类别大约有 200 张图像. 图像在宠物比例、姿势和照明方面有很大的差异. 所有图像都有相关的品种实地注释. 该数据来自 Parkhi O. M. et al. (2012)[7].

该数据的图像 (在 `images.tar.gz` 中, 以 `jpg` 作为扩展名; 而图像面具以 `png` 作为扩展名) 及标签和分割的各种信息都在 `annotations.tar.gz` 中.

使用下面的代码输入数据集的文件夹路径:

```
input_dir = "/images/"
target_dir = "/annotations/trimaps/"
img_size = (160, 160)
num_classes = 4
batch_size = 32
input_img_paths = sorted(
    [
        os.path.join(input_dir, fname)
        for fname in os.listdir(input_dir)
        if fname.endswith(".jpg")
    ]
)
target_img_paths = sorted(
    [
        os.path.join(target_dir, fname)
        for fname in os.listdir(target_dir)
        if fname.endswith(".png") and not fname.startswith(".")
    ]
)
```

---

[7]Parkhi O M, Vedaldi A, Zisserman A, and Jawahar C V. (2012) Cats and dogs, *IEEE Conference on Computer Vision and Pattern Recognition*. 数据网址为 https://www.robots.ox.ac.uk/~vgg/data/pets/.

　　有了图像的路径, 可以显示若干输入及目标图像 (见图10.5.1), 由于数据组成的随机性每次运行会得到不同的图像.

```
plt.figure(figsize=(20,7))
for i, image in enumerate(input_img_paths[:5]):
    plt.subplot(2, 5, i+1)
    plt.imshow(mpimg.imread(image))
for i, image in enumerate(target_img_paths[:5]):
    plt.subplot(2, 5, i+5+1)
    plt.imshow(mpimg.imread(image))
```

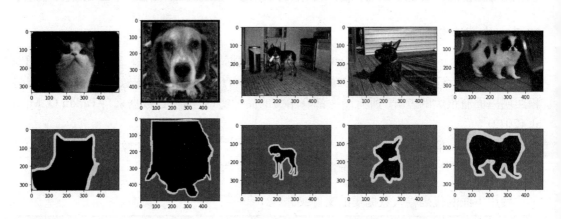

图 10.5.1　若干输入及目标图像: 上面为输入图像, 下面是对应于相同位置的目标图像

　　我们将使用一种称为 U-Net 的卷积神经网络, 它由德国弗赖堡大学计算机科学系开发, 用于生物医学图像分割[8]. 该网络基于全卷积网络, 并且对其体系结构进行了修改和扩展以使用更少的训练图像并产生更精确的分割. 该网络由一个收缩部分和一个扩展部分组成, 这使它成为 U 型架构 (参看10.5.2节的图10.5.2).

　　在收缩部分的每一级都由一些由激活函数、标准化层、卷积层、最大池化层形成的块组成. 经过每个块之后, 内核或特征图数量加倍, 以便体系结构可以学习复杂的结构. 类似地, 在扩展部分的每一级由激活函数、标准化层、卷积层、向上抽样层形成的块组成. 扩展部分的级数与收缩部分的级数相同.

　　之所以使用 U-Net, 是因为它可以重建图像. 将一些图像作为特征输入, 并将它们相应的面具图像作为模型的标签. 由于 U-Net 具有重建功能, 因此 U-Net 还将能够生成图像作为输出.

10.5.2　数据预处理函数和 U-Net 网络模型

　　下面的模型[9]是示意性的, 没有调试也没有刻意选择超参数. 图10.5.2是该模型的示意图.

---

[8]Ronneberger O, Fischer P, and Brox T. (2015).　U-Net: Convolutional networks for biomedical image segmentation. arXiv:1505.04597.

[9]代码来自网站https://keras.io/examples/vision/oxford_pets_image_segmentation/.

图像数据预处理

```
from tensorflow import keras
import numpy as np
from tensorflow.keras.preprocessing.image import load_img


class OxfordPets(keras.utils.Sequence):
    """Helper to iterate over the data (as Numpy arrays)."""

    def __init__(self, batch_size, img_size, input_img_paths, target_img_paths):
        self.batch_size = batch_size
        self.img_size = img_size
        self.input_img_paths = input_img_paths
        self.target_img_paths = target_img_paths

    def __len__(self):
        return len(self.target_img_paths) // self.batch_size

    def __getitem__(self, idx):
        """Returns tuple (input, target) correspond to batch #idx."""
        i = idx * self.batch_size
        batch_input_img_paths = self.input_img_paths[i : i + self.batch_size]
        batch_target_img_paths = self.target_img_paths[i : i + self.batch_size]
        x = np.zeros((batch_size,) + self.img_size + (3,), dtype="float32")
        for j, path in enumerate(batch_input_img_paths):
            img = load_img(path, target_size=self.img_size)
            x[j] = img
        y = np.zeros((batch_size,) + self.img_size + (1,), dtype="uint8")
        for j, path in enumerate(batch_target_img_paths):
            img = load_img(path, target_size=self.img_size, color_mode="grayscale")
            y[j] = np.expand_dims(img, 2) #在第2维处增加一维
        return x, y
```

随机分配训练集和测试集

```
import random

val_samples = 1000
random.Random(1337).shuffle(input_img_paths)
random.Random(1337).shuffle(target_img_paths)
train_input_img_paths = input_img_paths[:-val_samples]
train_target_img_paths = target_img_paths[:-val_samples]
val_input_img_paths = input_img_paths[-val_samples:]
val_target_img_paths = target_img_paths[-val_samples:]

train_gen = OxfordPets(
    batch_size, img_size, train_input_img_paths, train_target_img_paths
)
val_gen = OxfordPets(batch_size, img_size, val_input_img_paths, val_target_img_paths)
```

U-Net 模型

下面的代码定义了一个 U-Net 模型 (和图10.5.2对应):

```python
from tensorflow.keras import layers


def get_model(img_size, num_classes):
    inputs = keras.Input(shape=img_size + (3,))

    ### 收缩部分模型 ###

    # 输入部分(图中Input->Conv->NA)
    x = layers.Conv2D(32, 3, strides=2, padding="same")(inputs)
    x = layers.BatchNormalization()(x)
    x = layers.Activation("relu")(x)


    previous_block_activation = x  # 预留下一个残差

    # 前几块部分(图中为ACNACN->Maxpool), 它们除过滤器大小外皆相同
    for filters in [64, 128, 256]:
        x = layers.Activation("relu")(x)
        x = layers.SeparableConv2D(filters, 3, padding="same")(x)
        x = layers.BatchNormalization()(x)


        x = layers.Activation("relu")(x)
        x = layers.SeparableConv2D(filters, 3, padding="same")(x)
        x = layers.BatchNormalization()(x)


        x = layers.MaxPooling2D(3, strides=2, padding="same")(x)


        # 投影残差(图中Conv)
        residual = layers.Conv2D(filters, 1, strides=2, padding="same")(
            previous_block_activation
        )
        x = layers.add([x, residual])  # 把残差加回(图中Concat)
        previous_block_activation = x  # 预留下一块的残差

    ### 扩展部分模型 ###

    # 后面几块部分(图中为ACNACN->Upsamp), 它们除过滤器大小外皆相同

    for filters in [256, 128, 64, 32]:
        x = layers.Activation("relu")(x)
        x = layers.Conv2DTranspose(filters, 3, padding="same")(x)
        x = layers.BatchNormalization()(x)


        x = layers.Activation("relu")(x)
        x = layers.Conv2DTranspose(filters, 3, padding="same")(x)
        x = layers.BatchNormalization()(x)


        x = layers.UpSampling2D(2)(x)
```

```
        # 投影残差(图中Upsamp -> Conv)
        residual = layers.UpSampling2D(2)(previous_block_activation)
        residual = layers.Conv2D(filters, 1, padding="same")(residual)
        x = layers.add([x, residual])   # 把残差加回(图中Concat)
        previous_block_activation = x   # 预留下一块的残差

    # 加入逐像素分类层(图中为Conv, 包括了激活函数softmax)
    outputs = layers.Conv2D(num_classes, 3, activation="softmax", padding="same")(x)

    model = keras.Model(inputs, outputs)     # 定义模型
    return model


keras.backend.clear_session() # 每次清理内存

model = get_model(img_size, num_classes)
model.summary() # 模型汇总的输出很长(略去)
```

图10.5.2显示了上面代码表示的 U-Net 模型示意图. 其中, U 型的左边为收缩部分, 从 160×160 维度, 逐次转换成 $80 \times 80, 40 \times 40, 20 \times 20, 10 \times 10$; 然后在 U 型右边的扩展部分再按照相反的方向恢复到 160×160 维度. 但是在收缩部分的卷积过滤器输出尺寸则按照 $64 \rightarrow 128 \rightarrow 256$ 变化, 在扩展部分则按 $256 \rightarrow 128 \rightarrow 64 \rightarrow 32$ 变化.

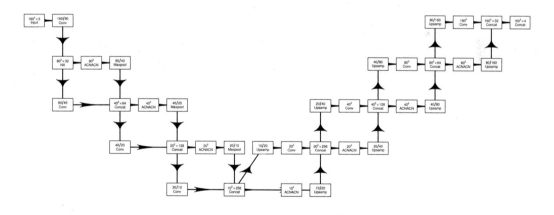

图 10.5.2　U-Net 模型示意图

在图10.5.2中:

- "Input" (InputLayer) 代表输入层.
- "ACNACN'' 或 "NA'' 等为 "A'' "C'' "N'' 等层的组合, 它们的意义分别为:
    - "A" (Activation("relu")) 代表激活层.
    - "C" (在收缩部分为: SeperableConv2D, 在扩展部分为: Conv2DTranspose) 代表卷积层.
    - "N" (BatchNormalization) 代表 (按批次) 标准化层.
- "Conv" (Conv2D) 代表一般卷积层.

- **"Maxpool"** (`MaxPooling2D`) 代表最大池化层.
- **"UpSamp"** (`UpSampling2D`) 代表向上抽样.
- **"concat"** (`add`) 代表矩阵叠加.

在上面的 **U-Net** 模型中有两个特殊的卷积层:

1. 收缩部分的 `SeparableConv2D`: 这是可分离卷积 (separable convolutions), 它首先执行深度卷积, 分别作用于每个输入通道, 然后执行混合了输出通道结果的逐点卷积, 有一个`depth_multiplier` 变元控制在深度步骤中每个输入通道生成多少个输出通道.
2. 扩展部分的 `Conv2DTranspose`: 这是换位 (变换) 卷积, 其使用通常是由于希望使用与正常卷积相反的方向进行变换而产生的, 即从具有某种卷积输出形状的东西到具有其输入形状同时又保持与该卷积兼容的连接模式.

模型拟合

```
model.compile(optimizer="rmsprop",
              loss="sparse_categorical_crossentropy")

callbacks = [
    keras.callbacks.ModelCheckpoint("oxford_segmentation.h5",
                                    save_best_only=True)
]

# Train the model, doing validation at the end of each epoch.
epochs = 15
model.fit(train_gen, epochs=epochs, validation_data=val_gen,
          callbacks=callbacks)
```

预测并画图

```
val_gen = OxfordPets(batch_size, img_size, val_input_img_paths, val_target_img_paths)
val_preds = model.predict(val_gen)

def display_mask(i):
    """Quick utility to display a model's prediction."""
    mask = np.argmax(val_preds[i], axis=-1)
    mask = np.expand_dims(mask, axis=-1)
    img = PIL.ImageOps.autocontrast(keras.preprocessing.image.array_to_img(mask))
    display(img)

i = 10

# Display input image
display(Image(filename=val_input_img_paths[i]))

# Display ground-truth target mask
img = PIL.ImageOps.autocontrast(load_img(val_target_img_paths[i]))
display(img)
```

```
# Display mask predicted by our model
display_mask(i)  # Note that the model only sees inputs at 150x150.
```

所画出的图如图10.5.3所示.

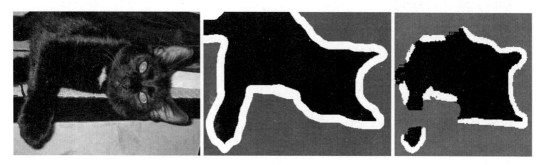

图 10.5.3　原图 (左)、原图的面具图 (中) 及预测的面具图 (右)

画模型图

我们完全可以用下面的代码画出模型图, 该图为图10.5.2的细节版本, 包括每一层的输入输出维度等信息, 因此这个模型图很大, 这里就不展示了.

```
tf.keras.utils.plot_model(model, show_shapes=True)
```

图书在版编目 (CIP) 数据

深度学习入门 : 基于 Python 的实现 / 吴喜之, 张敏
编著. -- 北京 : 中国人民大学出版社, 2021.3
(基于 Python 的数据分析丛书)
ISBN 978-7-300-29078-2

I. ①深 ⋯ II. ①吴 ⋯ ②张 ⋯ III. ①机器学习②软
件工具 – 程序设计 IV. ①TP181②TP311.561

中国版本图书馆 CIP 数据核字 (2021) 第 035225 号

基于 Python 的数据分析丛书

深度学习入门——基于 Python 的实现

吴喜之　张　敏　编著

Shendu Xuexi Rumen ——Jiyu Python de Shixian

出版发行	中国人民大学出版社			
社　址	北京中关村大街 31 号		**邮政编码** 100080	
电　话	010-62511242 (总编室)		010-62511770 (质管部)	
	010-82501766 (邮购部)		010-62514148 (门市部)	
	010-62515195 (发行公司)		010-62515275 (盗版举报)	
网　址	http://www.crup.com.cn			
经　销	新华书店			
印　刷	北京七色印务有限公司			
规　格	185mm× 260mm　16 开本	**版　次**	2021 年 3 月第 1 版	
印　张	15.25 插页 1	**印　次**	2021 年 3 月第 1 次印刷	
字　数	370 000	**定　价**	45.00 元	

版权所有　侵权必究　　　　印装差错　负责调换

教师教学服务说明

中国人民大学出版社管理分社以出版经典、高品质的工商管理、统计、市场营销、人力资源管理、运营管理、物流管理、旅游管理等领域的各层次教材为宗旨.

为了更好地为一线教师服务, 近年来管理分社着力建设了一批数字化、立体化的网络教学资源. 教师可以通过以下方式获得免费下载教学资源的权限:

在中国人民大学出版社网站 www.crup.com.cn 进行注册, 注册后进入 "会员中心", 在左侧点击 "我的教师认证", 填写相关信息, 提交后等待审核. 我们将在一个工作日内为您开通相关资源的下载权限.

如您急需教学资源或需要其他帮助, 请在工作时间与我们联络:

中国人民大学出版社　管理分社
联系电话: 010-82501048, 62515782, 62515735
电子邮箱: glcbfs@crup.com.cn
通讯地址: 北京市海淀区中关村大街甲 59 号文化大厦 1501 室 (100872)